U0224191

中国式现代化"六观"丛书

丛书主编 姜 辉

中国式现代化的
生态观

张永生

/

著

重庆出版集团 重庆出版社

图书在版编目（CIP）数据

中国式现代化的生态观 / 张永生著 . —重庆：重庆出版
社,2023.12
ISBN 978-7-229-18096-6

Ⅰ.①中…　Ⅱ.①张…　Ⅲ.①生态文明—建设—研
究—中国　Ⅳ.①X321.2

中国国家版本馆CIP数据核字(2023)第192100号

中国式现代化的生态观
ZHONGGUOSHI XIANDAIHUA DE SHENGTAIGUAN

张永生　著

责任编辑:李　茜
责任校对:刘小燕
装帧设计:刘沂鑫

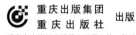 重庆出版集团
重庆出版社　出版

重庆市南岸区南滨路162号1幢　邮政编码:400061　http://www.cqph.com
重庆出版社艺术设计有限公司制版
重庆天旭印务有限责任公司印刷
重庆出版集团图书发行有限公司发行
E-MAIL:fxchu@cqph.com　邮购电话:023-61520646
全国新华书店经销

开本:787mm×1092mm　1/16　印张:11.75　字数:170千
2023年12月第1版　2023年12月第1次印刷
ISBN 978-7-229-18096-6
定价:42.00元

如有印装质量问题,请向本集团图书发行有限公司调换:023-61520678

为世界现代化理论与实践创新提供中国智慧

——中国式现代化"六观"的独特价值与贡献

姜　辉

概括提出并深入阐述中国式现代化理论，是我们党的重大理论创新，是科学社会主义的最新重大成果，极大丰富和发展了世界现代化理论。中国式现代化的成功开辟，走出了人类现代化历史上前所未有的新路，为世界各国提供了全新选择，这是人类发展历史上具有划时代意义的重大事件。中国式现代化对于世界现代化理论与实践创新的重大价值，对于人类社会发展的重大意义，会随着实践发展和时间推移越来越显现出来。

只有民族的才是世界的，只有引领时代才能走向世界。正如习近平总书记指出的："中国式现代化，深深植根于中华优秀传统文化，体现科学社会主义的先进本质，借鉴吸收一切人类优秀文明成果，代表人类文明进步的发展方向，展现了不同于西方现代化模式的新图景，是一种全新的人类文明形态。中国式现代化，打破了'现代化＝西方化'的迷思，展现了现代化的另一幅图景，拓展了发展中国家走向现代化的路径选择，为人类对更好社会制度的探索提供了中国方案。"①实践证明，中国式现代化走得通、行得稳，是强国建设、民族复兴的必由之路，是促进世界发展进步、为人类文明作出更大贡献的伟大创造。

一

实现现代化是近代以来中国人民矢志奋斗的梦想。中国共产党百余年来团结带领中国人民追求民族复兴的历史，也是一部不断探索现代化道路的历史。在新中国成立以来，特别是改革开放以来长期探索和实践基础上，经过党的十八大以来在理论和实践上的创新突破，中国共产党成功推进和拓展了中国式现代化。中国式现代化走出了人类历史上史无前例的实现现代化的新路，具有鲜明特征和独特优势。中国式现代化，是人口规模巨大的现代化，是全体人民共同富裕的现代化，是物质文明和精神文明相协调的现代化，是人与自然和谐共生的现代化，是走和平发展道路的现代化。中国式现代化切合中国实际，既体现了社会主义建设规律，也体现了人类社会发展规律。

一是充分发挥中国共产党领导和中国特色社会主义制度的显著优势。习近平总书记指出："'中国式现代化，是中国共产党领导的社会主义现代化。'这是对中国式现代化定性的话，是管总、管根本的。"②中国特色社会主义最本质的特征是中国共产党领导，中国特色社会主义制度的最大优势是中国共产党领导。党

---

① 《习近平在学习贯彻党的二十大精神研讨班开班式上发表重要讲话强调　正确理解和大力推进中国式现代化》，《人民日报》2023年2月8日。

② 习近平：《中国式现代化是中国共产党领导的社会主义现代化》，《求是》2023年第11期。

的领导直接关系中国式现代化的根本方向、前途命运、最终成败。中国共产党的领导和中国特色社会主义制度超越了西方关于市场与政府、国家与社会、集中权威与民主自由、公共领域与私人领域等机械的对立两分，形成了经济快速发展、社会和谐稳定、改革活力充沛等显著优势。这种优势不仅为如何实现现代化提供了成功经验，而且与一些发展中国家在现代化进程中遭遇的政治混乱和社会动荡形成了强烈而鲜明的对比。中国式现代化，从中国特殊的历史、国情和文化出发，注重发挥社会主义制度能够集中力量办大事的政治优势，调动一切积极因素，形成实现现代化的共同意志、共同目标、共同行动。无论是建立独立的比较完整的工业体系和国民经济体系，还是独立自主研制出"两弹一星"；无论是应对现代化进程中的一系列重大风险挑战，还是完成脱贫攻坚的艰巨任务，无不需要发挥举国体制优势，无不需要确保全国上下步调一致、集中力量、协同攻关。我们党坚持和完善中国特色社会主义制度，不断推进国家治理体系和治理能力现代化，为中国式现代化稳步前行提供了坚强的制度保证。

二是以实现人的全面发展和全体人民共同富裕为现实目标。习近平总书记强调："我们追求的发展是造福人民的发展，我们追求的富裕是全体人民共同富裕。"①中国式现代化是全体人民共同富裕的现代化，这是中国式现代化区别于西方现代化的显著标志。西方现代化的最大弊端，就是以资本为中心而不是以人民为中心，追求资本利益最大化而不是服务绝大多数人的利益，导致社会鸿沟拉大、两极分化严重、阶层凝滞固化。中国共产党坚持把人民对美好生活的向往作为奋斗目标，坚持以人民为中心的发展思想，着力保障和改善民生，让中国式现代化建设成果更多更

---

① 习近平：《在中共中央召开的党外人士座谈会上的讲话》，《人民日报》2015年10月31日。

公平地惠及全体人民，坚决防止两极分化。不断创造人民美好生活、逐步实现全体人民共同富裕，是新时代中国特色社会主义的鲜明特征。党的二十大明确了到2035年基本实现社会主义现代化时，人的全面发展、全体人民共同富裕取得更为明显的实质性进展。把全体人民共同富裕作为建设社会主义现代化强国的重要内容，是中国式现代化先进性和优越性的重要体现。

三是走和平发展道路，既发展自身又造福世界。习近平总书记指出："中国共产党坚持一切从实际出发，带领中国人民探索出中国特色社会主义道路。历史和实践已经并将进一步证明，这条道路，不仅走得对、走得通，而且也一定能够走得稳、走得好。我们将坚定不移沿着这条光明大道走下去，既发展自身又造福世界。"[1]中国共产党始终坚决反对帝国主义、殖民主义、霸权主义和强权政治，反对不平等的国际政治秩序，始终与广大发展中国家站在一起。新中国成立70多年来，中国没有主动挑起过任何一场战争和冲突，没有侵占过别国一寸土地，是唯一将和平发展写入宪法和执政党党章、上升为国家意志的大国。而西方国家的现代化，充满战争、贩奴、殖民、掠夺等血腥罪恶，给广大发展中国家带来深重苦难。中华民族经历了西方列强侵略、凌辱的悲惨历史，深知和平的宝贵，决不可能也决不会重复西方国家的老路。无数事实表明，中国式现代化道路完全超越"国强必霸"逻辑和"修昔底德陷阱"对抗，完全不同于资本主义国家的那种通过"血与火""剑与枪"的殖民掠夺和侵略战争手段开拓的现代化道路。

总之，中国式现代化是物质文明、政治文明、精神文明、社

---

① 习近平：《加强政党合作 共谋人民幸福——在中国共产党与世界政党领导人峰会上的主旨讲话》，《人民日报》2021年7月7日。

会文明和生态文明协调发展的现代化，创造了人类文明新形态。中国式现代化道路的成功开辟，不仅为人类提供了一条现代化崭新道路、模式和方案，而且为人类文明发展进步作出了重大贡献。

二

习近平总书记指出："中国式现代化蕴含的独特世界观、价值观、历史观、文明观、民主观、生态观等及其伟大实践，是对世界现代化理论和实践的重大创新。"[①]这一重大论断，从根本性、基础性、整体性、历史性上深刻揭示了中国式现代化的理念、观念、价值，以及世界观方法论，展现了中国式现代化不同于西方现代化模式的新内容、新特征、新图景。

中国式现代化蕴含的独特"六观"，是对西方现代化理论和实践的重大超越。从根本上说，西方现代化由于受资本主义制度及其基本矛盾的根本性局限，无法克服资本至上、弱肉强食、两极分化、霸道强权的本性和固有弊端。而中国式现代化在世界观、价值观、历史观、文明观、民主观、生态观上对西方现代化的超越，为世界现代化理论和实践创新作出了原创性贡献。比如，中国式现代化形成了人类命运与共、和平发展、合作共赢的世界观，在坚持维护世界和平与发展中谋求自身发展，又以自身发展更好维护世界和平与发展，倡导和平、发展、公平、正义、民主、自由的全人类共同价值，推动构建人类命运共同体。比如，中国式现代化坚持以人民为中心的价值观，以实现人的自由

---

① 《习近平在学习贯彻党的二十大精神研讨班开班式上发表重要讲话强调　正确理解和大力推进中国式现代化》，《人民日报》2023年2月8日。

全面发展为最终目标，追求人民至上的价值导向，以满足人民日益增长的美好生活需要为出发点和落脚点，让现代化建设成果更多、更公平惠及全体人民，不断增强人民群众的获得感、幸福感、安全感。比如，中国式现代化坚持人类历史不断进步、最终实现人的全面发展和彻底解放的历史观，认为人类历史发展是生产力与生产关系、经济基础与上层建筑相互作用的结果，资本主义不是人类历史的"终结"，而是人类社会历史发展的特定阶段，必然被更高的社会形态所取代。中国式现代化为中华民族伟大复兴开辟了广阔前景，也为人类对更好社会制度的探索，对人类解放、"美美与共，天下大同"提供中国方案。比如，中国式现代化倡导尊重文明多样性的文明观，坚持文明平等、互鉴、对话、包容，以文明交流超越文明隔阂、文明互鉴超越文明冲突、文明包容超越文明优越，彰显了独特而鲜明的文明观，是马克思主义文明观在新时代中国的创造性展现。比如，中国式现代化坚持全过程人民民主的民主观，主张广大人民群众共同管理国家和社会事务，反对建立在资本逻辑基础之上的虚假民主，反对服务于少数有产者的民主，展现了对民主这一全人类共同价值的全新理解，超越了当代西方民主，开辟了人类政治文明发展新境界。比如，中国式现代化坚持人与自然和谐共生的生态观，倡导尊重自然、顺应自然、保护自然，反对只讲索取不讲投入、只讲发展不讲保护、只讲利用不讲修复，深化了对生态文明发展规律的认识，继承和创新了马克思主义人与自然关系理论，极大丰富和拓展了马克思主义自然观和生态观。总之，中国式现代化蕴含的这些内涵丰富、内蕴深刻的理念观念和价值追求，集中彰显了中国式现代化的鲜明特征和独特优势，也为世界现代化理论和实践的重大创新提供了中国智慧和中国方案。

三

为帮助广大读者全面准确把握中国式现代化蕴含的独特世界观、价值观、历史观、文明观、民主观、生态观及其伟大实践，我们策划出版了"中国式现代化'六观'"丛书，从六个主题出发，也是从六个维度分别侧重研究中国式现代化，同时又形成密切联系、相互贯通的整体学理阐述，旨在讲清楚中国式现代化的理论和实践创新，讲清楚其鲜明特征、独特优势和重要价值、重大贡献，兼顾学理性和通识性，既是学术探讨，也是理论读物。

这套丛书具有鲜明特点。一是注重科学性。坚持唯物史观和大历史观，论从史出，史论结合，保证理论阐释的严谨性和史实叙述的准确性。二是注重权威性。坚持正确的政治方向、学术导向、价值取向，依据权威史料，传播富有说服力和感染力的中国理论、中国理念、中国价值。三是注重实践性。坚持解放思想、实事求是、守正创新，着眼于解决新时代改革开放和社会主义现代化建设的实际问题，得出符合客观规律的科学认识。四是注重前沿性。聚焦党和国家事业发展的重点、热点、焦点问题，深刻回答中国之问、世界之问、人民之问、时代之问，反映研究最新动态。五是注重创新性。在理论阐释、史料运用或历史叙事方面有新意，既把握宏观、讲清过程，又阐述经验、揭示规律。六是注重鲜活性。以精练适当的篇幅、通俗易懂的语言、鲜活生动的案例，向广大读者说清讲透中国式现代化蕴含的独特"六观"的深刻内涵和重大意义。

这套丛书具有重要的政治意义和理论价值。党的十八大以来，习近平总书记围绕中国式现代化发表一系列重要论述，立意高远，内涵丰富，思想深刻，进一步深化对中国式现代化的内涵和本质的认识，概括形成中国式现代化的中国特色、本质要求和重大原则，构建起中国式现代化的理论体系，使中国式现代化的图景更加清晰、更加科学、更加可感可行，对于深入研究、阐发中国式现代化理论具有十分重要的指导意义。这套丛书通过理论层面阐释中国式现代化蕴含的独特"六观"，有助于在生动的中国式现代化实践中构建出系统的理论图景，有助于体系化、整体化把握中国式现代化理论，有助于增进对党的创新理论的政治认同、思想认同、理论认同、情感认同。

这套丛书也具有重要的实践意义和现实价值。党的二十大明确指出，从现在起，中国共产党的中心任务就是团结带领全国各族人民全面建成社会主义现代化强国、实现第二个百年奋斗目标，以中国式现代化全面推进中华民族伟大复兴。全党要坚持党的基本理论、基本路线、基本方略不动摇，坚定道路自信、理论自信、制度自信、文化自信，坚持独立自主、自力更生，坚持道不变、志不改，既不走封闭僵化的老路，也不走改旗易帜的邪路，坚定不移走好自己的路，心无旁骛做好自己的事，坚持把国家和民族发展放在自己力量的基点上，坚持把中国发展进步的命运牢牢掌握在自己手中。这套丛书有助于从多维角度展现以中国式现代化全面推进中华民族伟大复兴的伟大实践，着重论述阐释中国式现代化基于我国国情的鲜明特色、独特优势和实践要求，有助于增强人们在党的领导下坚定不移走中国式现代化道路的自觉自信，坚定不移沿着中国式现代化道路奋勇开拓前进。

目 录

导　论

中国式现代化
蕴含独特的生态观

党的二十大确立了党在新时代新征程的中心任务，即"团结带领全国各族人民全面建成社会主义现代化强国、实现第二个百年奋斗目标，以中国式现代化全面推进中华民族伟大复兴"[1]。2023年2月7日，习近平总书记在学习贯彻党的二十大精神研讨班开班式上的重要讲话中，提出中国式现代化蕴含的独特世界观、价值观、历史观、文明观、民主观、生态观等及其伟大实践，是对世界现代化理论和实践的重大创新。

中国式现代化，不是简单地重复发达国家的现代化，而是对工业革命后建立的不可持续的现代化概念的重新定义。人与自然和谐共生，是中国式现代化的五大主要特征之一。2023年7月17日，习近平总书记在全国生态环境保护大会上发表重要讲话，号召"加快推进人与自然和谐共生的现代化"[2]。

不同于人类凌驾于自然之上的欧美现代化，中国式现代化突出强调人与自然和谐共生。这意味着重构人与自然关系，将人类活动置于大自然的边界之内，强调地球生命共同体。因此，中国式现代化蕴含着不同于欧美现代化的独特生态观。[3]

一、重新思考"现代化"

工业革命后，人类生产力取得前所未有的进步，以工业化国家为代表的少数国家，率先实现所谓的现代化。一直以来全球广

---

[1] 习近平：《高举中国特色社会主义伟大旗帜　为全面建设社会主义现代化国家而团结奋斗——在中国共产党第二十次全国代表大会上的报告》，人民出版社2022年版，第21页。

[2] 《习近平在全国生态环境保护大会上强调　全面推进美丽中国建设　加快推进人与自然和谐共生的现代化》，《人民日报》2023年7月19日。

[3] 张永生：《中国式现代化开启生态文明新篇章》，《城市与环境研究》2023年第1期。

为接受的现代化概念，就是将现有发达国家的标准当作现代化的默认标准。如果将现代化分为两个维度，即"实现什么样的现代化"和"如何实现现代化"，则后发国家的现代化探索，重点都是如何实现像发达国家那样的现代化，对于现代化的内容则很少进行反思。

毫无疑问，工业革命后，发达国家建立在传统工业文明基础上的现代化模式，大大推动了人类文明进程，中国亦是这种现代化概念的最大受益者之一。但是，这种基于传统工业化模式的现代化有其内在局限：一是导致发展目的与手段的背离，难以最终实现全面提高人民福祉这一发展的根本目的；二是由于这种模式建立在高资源消耗和高环境破坏基础上，不可避免地导致生态环境危机；三是由于这种模式不可持续，其只能让世界上少数人口过上丰裕的现代生活，一旦扩大到全球范围，就会带来不可持续的危机。

因此，仅仅思考"如何实现现代化"已远远不够，更应该对"实现什么样的现代化"进行深刻反思和重新定义，建立面向未来和全球普适的中国式现代化新论述。中国式现代化，本质上是对工业革命后形成的现代化概念的深刻反思和重构。

二、绿色发展新范式

中国生态文明建设取得的伟大成就，为中国式现代化概念奠定了绿色发展基础。习近平总书记在党的二十大总结过去十年生态文明建设的成就时指出："我们坚持绿水青山就是金山银山的理念，坚持山水林田湖草沙一体化保护和系统治理，全方位、全地域、全过程加强生态环境保护，生态文明制度体系更加健全，污染防治攻坚向纵深推进，绿色、循环、低碳发展迈出坚实步伐，生态环境保护发生历史性、转折性、全局性变化，我们的祖国天更蓝、山更绿、水更清。"①

根据生态环境部数据，新时代十年，中国Ⅰ—Ⅲ类优良水体断面比例提升23.3个百分点，达到84.9%；国控入海河流Ⅰ—Ⅲ类水质断面比例上升25个百分点，达到71.7%；②2021年，中国空气质量优良天数比率达到87.5%，土壤污染风险得到有效管控，实现了固体废物"零进口"的目标，自然保护地面积占全国陆域国土面积达到18%；中国能源消费的增量，有2/3来自于清洁能源；全国单位国内生产总值（GDP）二氧化碳排放下降了34.4%，煤炭在一次能源消费中的占比从68.5%下降到了56%。③

如果将中国生态环境保护取得的历史性、转折性、全局性变化，放在中国经济发展的大背景下进行认识，就更能发现这一成就的非凡意义。新时代十年，中国经济实力实现历史性跃升，国内生产总值从54万亿元增长到114万亿元。更令人振奋的是，在代表未来全球竞争力的绿色经济和绿色技术创新上，中国很多方面已处于世界第一方阵。中国可再生能源开发利用规模、新能源汽车产销量都稳居世界第一，在全球具有领先优势。

因此，新时代十年，中国实质上突破了工业革命后建立的"先污染、后治理"的传统发展理念和模式，正在探索出一条环境与发展相互促进的新发展道路。

---

① 习近平：《高举中国特色社会主义伟大旗帜　为全面建设社会主义现代化国家而团结奋斗——在中国共产党第二十次全国代表大会上的报告》，人民出版社2022年版，第11页。

② 《数读："中国这十年"生态环境保护成绩单》，来源于https://www.mee.gov.cn/ywdt/xwfb/202209/t20220915_994077.shtml[2023-02-25]。

③ 《美丽中国建设迈出重大步伐》，《人民日报》2022年9月16日。

三、人类文明新形态

生态文明在中国式现代化中的基础性和战略性地位，体现在什么是中国式现代化、如何建设中国式现代化、中国式现代化目标等方面。

第一，体现在"什么是中国式现代化"上。中国要实现的现代化，是中国式现代化，而"人与自然和谐共生"则是中国式现代化的五个基本特征之一，也是中国式现代化的本质要求。这五个特征是一个有机整体，没有人与自然的和谐共生，其他几个方面的特征就缺乏基础。

第二，体现在"如何实现中国式现代化"上。党的二十大报告指出，"高质量发展是全面建设社会主义现代化国家的首要任务"，而实现高质量发展，就必须"完整、准确、全面贯彻新发展理念"。绿色发展，正是新发展理念的核心要义之一。同时，在全党"必须牢记"的五个"必由之路"中，贯彻新发展理念是"新时代我国发展壮大的必由之路"。[①]

第三，体现在"中国式现代化目标"上。党的二十大报告明确全面建成社会主义现代化强国"分两步走"的战略安排：从2020年到2035年基本实现社会主义现代化；从2035年到本世纪中叶，把我国建成富强民主文明和谐美丽的社会主义现代化强国。其中，"美丽中国"是社会主义现代化强国目标的五个核心要素之一。

中国式现代化基本特征的内涵非常丰富，下面着重强调两

[①] 习近平：《高举中国特色社会主义伟大旗帜　为全面建设社会主义现代化国家而团结奋斗——在中国共产党第二十次全国代表大会上的报告》，人民出版社2022年版，第28、70页。

点，以揭示这些特征背后的内在机制。

一是关于"人口规模巨大的现代化"的含义。中国14亿人口实现现代化，将超过目前所有发达国家约11亿的人口总数。人们在讨论14亿人口规模的现代化时，更多的是以此说明中国实现现代化的难度、复杂性和伟大成就。但除此之外，还有更深的含义，即这意味着中国式现代化具有全球普适性，而资源高消耗的传统现代化模式只能让全球少数人口享受繁荣，也就不具全球普适性。

二是关于"走和平发展道路的现代化"。目前在讨论这个特征时，人们更多的是强调中国和平发展的主观意愿。实际上，中国和平发展不只是出于其制度与文化因素，还是因为中国要建立的现代化是基于绿色发展"人与自然和谐共生"的现代化，不再是像欧美传统现代化模式那样以资源大规模攫取为必要条件。因此，中国式现代化就可以最大限度地避免全球资源的恶性竞争。

四、生态文明新篇章

党的二十大对生态文明建设进行了新的战略部署，全面开启生态文明建设新篇章。在战略层面，中国式现代化是今后我国的中心任务。中国式现代化的重要特征、内在要求和目标，将全方位体现在中国经济社会发展战略和行动中。"人与自然和谐共生"的生态文明建设，也将随之全面融入各方面工作。

党的二十大报告第十部分专门以"推动绿色发展，促进人与自然和谐共生"为题，强调了生态文明建设的重要性，并作出相应的战略部署。在这一部分中，习近平总书记强调生态文明建设的重大意义，指出"大自然是人类赖以生存发展的基本条件。尊重自然、顺应自然、保护自然，是全面建设社会主义现代化国家的内在要求。必须牢固树立和践行绿水青山就是金山银山的理念，站在人与自然和谐共生的高度谋划发展"①。

在此基础上，报告进一步从绿色转型、污染治理、生态保护、气候变化等方面进行了战略部署。尤其是，强调要"协同推进降碳、减污、扩绿、增长，推进生态优先、节约集约、绿色低碳发展"。这其中，降碳、减污、扩绿分别代表碳排放、环境污染、生态保护三个环境维度，在此前提下的增长，则意味着绿色增长。

协同推进降碳、减污、扩绿、增长，实质就是要在新发展理念下，以"降碳"为战略抓手，形成三对"相互促进"的关系。一是环境（"降碳、减污、扩绿"）与发展（"增长"）之间的相互促进关系；二是"降碳"与"增长"之间的相互促进关系；三是各环境子维度之间的相互促进关系，即"降碳"与"减污、扩绿"之间的相互促进，避免"为降碳而降碳"的单一做法。这三对"相互促进"的关系，是过去发达国家现代化从没有实现过的新目标。新时代十年，中国初步实现了环境与发展的协同发展。这正是人与自然和谐共生的现代化的具体体现。

总之，党的二十大报告提出了"团结带领全国各族人民全面建成社会主义现代化强国、实现第二个百年奋斗目标，以中国式现代化全面推进中华民族伟大复兴"的中心任务，生态文明建设在中国式现代化中具有重要战略地位。中国式现代化全面开启生态文明新篇章，并为全球带来新的历史机遇。

---

① 习近平：《高举中国特色社会主义伟大旗帜　为全面建设社会主义现代化国家而团结奋斗——在中国共产党第二十次全国代表大会上的报告》，人民出版社2022年版，第49—50页。

第一章

生态文明建设的思想指南

党的十八大以来，以习近平同志为核心的党中央，以前所未有的力度抓生态环境保护，提出一系列新的发展理念。我国生态文明建设发生历史性、转折性、全局性变化。2018年5月，党中央召开全国生态环境保护大会，正式提出习近平生态文明思想。生态文明是一种新的文明形态，是走出传统工业文明不可持续发展危机的根本出路。习近平生态文明思想是中国共产党带领全国人民艰辛探索可持续现代化的智慧结晶，深刻回答了为什么建设生态文明、建设什么样的生态文明，以及怎样建设生态文明等重大理论和实践问题。

习近平生态文明思想，集中体现为"十个坚持"，即坚持党对生态文明建设的全面领导，坚持生态兴则文明兴，坚持人与自然和谐共生，坚持绿水青山就是金山银山，坚持良好生态环境是最普惠的民生福祉，坚持绿色发展是发展观的深刻革命，坚持统筹山水林田湖草沙系统治理，坚持用最严格制度最严密法治保护生态环境，坚持把建设美丽中国转化为全体人民自觉行动，坚持共谋全球生态文明建设之路。①

习近平生态文明思想自2018年正式提出后，不断得到丰富和发展。2023年7月17日，习近平总书记在全国生态环境保护大会上强调"四个重大转变"和处理好"五个重大关系"的新思想。"四个重大转变"，一是由重点整治到系统治理的重大转变；二是由被动应对到主动作为的重大转变；三是由全球环境治理参与者到引领者的重大转变；四是由实践探索到科学理论指导的重大转变。"五个重大关系"，一是高质量发展和高水平保护的关系；二是重点攻坚和协同治理的关系；三是自然恢复和人工修复

---

① 中共中央宣传部、中华人民共和国生态环境部：《习近平生态文明思想学习纲要》，学习出版社、人民出版社2022年版，第2—3页。

的关系；四是外部约束和内生动力的关系；五是"双碳"承诺和自主行动的关系。①

习近平生态文明思想，是建设人与自然和谐共生现代化的思想指南。作为一种新的文明形态，生态文明是对传统工业文明的超越。如果说传统工业文明是西方发达国家过去引领世界的机遇，那么生态文明就是中国引领未来世界发展的历史机遇。中国以"人与自然和谐共生"的方式实现现代化，则中华民族的伟大复兴就不只是中华民族的复兴，也是促进全球繁荣的重大推动力。②

一、为什么要建设生态文明

（一）传统工业文明不可持续

发展的根本目的是提高人民福祉或追求"美好生活"，而发展理念，也即对于"什么是美好生活"的不同观念和定义，就决定着人们的行为模式及其不同的经济、社会和环境后果。不可持续的发展模式背后，一定有其发展理念的根源。传统工业文明下的发展理念，主要是实现物质财富生产和消费的最大化。

这种理念的形成，有其深刻的历史根源。在工业革命之前漫长的历史中，由于生产力低下，人类只能维持基本生存，解决物质匮乏就成为人们最重要的需求。工业革命后，人类社会开始从

① 《习近平在全国生态环境保护大会上强调　全面推进美丽中国建设　加快推进人与自然和谐共生的现代化》，《人民日报》2023年7月19日。

② 张永生：《习近平生态文明思想的理念体系》，杨开忠、张永生等著：《习近平生态文明思想与实践研究》，中国社会科学出版社2023年版，第72页。

生产力低下、物质匮乏的漫长农业文明，进入生产力飞跃的工业时代，开启了工业文明新纪元。工业化大生产带来的高物质生产力，必然要求大规模消费为其开辟市场。但是，大规模消费遇到两个阻碍：一是在工业革命前生产力低下的农耕和手工业时代，人们形成了节俭的消费习惯和文化宗教传统；二是人们对物质产品的需求总有限度，不可能无限扩张。如果不能为大工业生产开辟消费市场，建立在工业化大生产基础之上的现代经济增长就无法持续。

如何克服这个阻碍？如果将人们在农业和手工业时代长期形成的节俭的消费习惯，改造成同大规模生产相适应的大规模消费习惯，就可以人为地创造大量市场需求。这就需要转变人们关于"美好生活"的观念。比如，让物质财富成为一个人事业成功和社会地位等的标志，则追求物质财富就成为满足人们无限心理需求的手段，对物质财富的需求也就难有止境。这样，长期物质匮乏时代形成的节俭消费习惯和文化宗教传统，就被资本主义的消费主义和过度消费习惯改造。

由于经济系统只是自然系统的一部分，这种在狭窄视野下追求人类物质利益最大化的行为，虽然带来物质财富生产力的跃升，但却必然会破坏"人与自然"的关系，进而带来不可持续的危机。正如恩格斯指出，"我们不要过分陶醉于我们人类对自然界的胜利。对于每一次这样的胜利，自然界都对我们进行报复"[1]。这种建立在物质财富消费主义基础之上的经济繁荣，带来了环境与福祉两个方面的后果。

由于传统工业化模式必须建立在消费主义持续扩张的基础之上，这就不可避免地带来严重的环境污染和生态破坏，生态环境

---

[1]《马克思恩格斯文集》第9卷，人民出版社2009年版，第559—560页。

容量被突破。与此同时，传统工业化组织模式侵入生态环境系统，亦产生破坏性作用。生态体系是众多主体相互依赖形成的共生系统（包括自然系统以及人与自然的关系），但传统工业化的逻辑，则是借助强大的工业技术和工业组织力量，将这个相互依赖的共生系统中人们认为"有用"的个别链条抽取出来，以大规模工业化的方式进行攫取或生产。当这个相互依赖的共生系统被破坏后，整个自然生态系统就可能出现系统性崩溃。

在这种基于物质财富生产的传统工业化模式下，消费的扩张与人类福祉提高往往发生背离，导致发展的目的与手段本末倒置。发展的终极目的，乃是提高人们的福祉或幸福，经济增长和消费只是增进福祉的手段。大量研究表明，在很多国家，传统工业化模式下的经济发展并没有像人们以为的会持续同步提高国民幸福水平。斯密在《道德情操论》中指出，市场经济的高生产力，乃是由一个误导的信念所驱动，即物质财富带来幸福。"正是这一欺骗，激发并保持了人类产业的不断进步……从而彻底改变了地球的面貌。"

那么，如果不改变传统工业化模式，所谓绿色技术能否解决可持续发展问题？毫无疑问，绿色技术创新对提高生产力和国家竞争力均十分重要。但是，与人们直观认识相左的是，如果不改变发展理念和发展内容，这种绿色工业文明的思路，并不总是带来可持续的结果，甚至在某些情况下反而会加剧环境危机。杰文斯悖论揭示，英国煤炭行业效率提高，反而带来煤炭消费的提高。这种反直观的现象，并不是偶然的孤例，而是源于发展背后的深层逻辑，即所谓发展的悖论。①

---

① 张永生：《生态文明不等于绿色工业文明》，载潘家华等主编：《美丽中国：新中国70年70人论生态文明》，中国环境出版集团2019年版，第472—479页。

那么，这背后的原因何在？虽然绿色技术和效率提高会降低单位产品的环境强度，但技术进步的驱动力，却是为了获得更大利润。因此，资本追逐利润最大化的内在力量，往往会驱动生产和消费总量不断扩张，而总量扩张将加剧环境污染的效果，最终会超过环境强度降低改善环境的效果。

因此，在传统工业文明的框架下，技术进步并不足以从根本上实现可持续发展，而所谓的绿色工业文明也无法实现。只有改变生产和消费的内容，让增长内容很大程度上同生态环境破坏脱钩，才能避免经济扩张导致的环境不可持续。这就必须在生态文明这一更大的框架下进行转型，将传统工业文明纳入生态文明范畴，才有可能形成所谓绿色工业文明，使其成为生态文明的一部分。

改革开放后，中国在如此短时间取得了世界历史上未曾有过的现代化成就。但是，为什么中国不是继续这种现代化轨迹，而是提出要彻底实现发展方式转变，建设"人与自然和谐共生的现代化"？

第一，中国现代化过程遇到了其他国家同样遇到的不可持续的世界性难题，不得不转变。两个世界性难题：一是基于传统工业化模式的现代化模式，导致了严重的生态环境不可持续问题，包括生态破坏、环境污染和全球气候变化危机；二是"现代社会病"，包括福祉、社会问题，以及环境破坏和现代生活方式引起的大量健康问题。尤其是，中国快速工业化几乎在同一代人身上发生，他们对传统工业化模式的好处和弊端均有切身体会，这就为解决这些问题提供了更多经验和思考。

第二，五千年连绵不断的文化底蕴，为中国提出新发展理念和新的现代化概念提供了足够的养分。中国取得的巨大发展成就，不是简单地学习西方经验和市场经济的结果。世界上几乎所

15

有后发国家都在寻求现代化，但只有中国这样的少数国家能够成功。这背后，有中国无形的文化因素在起作用，而这些无形因素在标准经济学中往往被忽略。文化因素深刻地影响着人们的发展理念和行为方式，从而对经济绩效产生关键影响。"人与自然和谐共生"是中国文化的重要内容。因此，建设"人与自然和谐共生"的现代化，亦代表中华文化的复兴。

（二）生态兴则文明兴

习近平总书记指出，"生态兴则文明兴，生态衰则文明衰"[①]。生态环境的变化，直接影响文明兴衰演替。"生态兴、文明兴"揭示了生态环境和文明兴衰之间相互依赖、相互促进的关系。生态兴既是文明兴的前提条件，又能促进文明兴盛，亦是文明兴的标志。

第一，生态兴是文明兴的必要前提。如果没有良好的生态系统作为支撑，则人类的发展就失去其存在的基础，所谓"皮之不存，毛将焉附"。以生态环境为代价的文明，即使暂时获得兴盛，最终也必然会走向衰落。习近平总书记指出，"生态环境变化直接影响文明兴衰演替。古代埃及、古代巴比伦、古代印度、古代中国四大文明古国均发源于森林茂密、水量丰沛、田野肥沃的地区……而生态环境衰退特别是严重的土地荒漠化则导致古代埃及、古代巴比伦衰落"[②]。表面看起来，工业文明的兴盛似乎可以独立于"生态兴"而获得。但是，随着生态环境后果的显现，传统工业文明的危机正不断爆发，比如气候变化、生物多样性丧失等。

---

① 习近平：《论坚持人与自然和谐共生》，中央文献出版社2022年版，第2页。
② 习近平：《论坚持人与自然和谐共生》，中央文献出版社2022年版，第2页。

第二，生态兴促进文明兴。马克思在《资本论》第一章关于商品的论述中，引用了威廉·配第的话，"劳动是财富之父，土地是财富之母"。实际上，人类创造的所有物质文明和精神文明，均来自于劳动和自然。生态环境同发展之间，可以形成相互促进的关系。良好的生态环境"用之不觉，失之难存"。大自然提供的生态服务，不仅是人们美好生活不可或缺的内容，也可以提高生产的效率。比如，农业生物多样性可以有效抵御病虫害的发生；昆虫授粉可以大大提高作物产量；优美的生态环境，还可以提高人民福祉，催生大量亲环境的绿色经济。

第三，生态兴是文明兴的标志。仅有高度发达的生产力，还不足以成为文明兴的标志，因为这种兴盛可能是一时的而非长久的兴盛。以传统工业文明为例，工业革命后短短300多年，其创造的物质财富，超过之前人类所有财富的总和。而且，少数发达工业化国家的工业化模式，被大多数后发国家追随。通过全球化的方式，工业文明从西欧扩展到全球范围。看起来，这似乎标志着工业文明的兴盛。但是，这种短短300多年表面的兴盛背后，却是巨大的不可持续危机。所以，只有生态兴，才是文明兴的标志。

（三）人与自然和谐共生

习近平总书记在2018年全国生态环境保护大会的讲话中指出，"人与自然是生命共同体。生态环境没有替代品，用之不觉，失之难存"[①]。这句话点出了生态环境的重要特性：一是生态环境亦有重要的使用价值，即"失之难存"，而使用价值正是价值的基础；二是同有形的工业产品不同，生态环境具有"无形"的特点，

即"用之不觉"。正是这两个特性，决定了大自然提供的服务不仅难以察觉，而且难以在市场上交易。因此，生态环境也就很难纳入传统工业化模式的视野，由此产生了种种生态环境后果。

生态文明与传统工业文明的本质区别之一，就是视野的差别。传统工业文明建立在"人类中心主义"基础之上，从狭隘的经济视野来认识和满足人类需求，导致了"人与自然"之间关系的对立。生态文明则超越传统工业文明视野，从"人与自然"更宏大视野看世界，通过尊重自然获得更大的福祉。这就为人类最优行为提供了一个新的坐标系。

但是，如果只是在"人与自然"的框架下思考问题，而不转变价值观念的话，还不足以产生"人与自然和谐共生"的结果。生态文明不只一个简单的将所谓外部成本（即外部成本、隐形成本、长期成本）内部化的问题，因为将外部成本内部化同样有成本（比如，环保政策的监管和执行成本）。按照经济学边际成本等于边际收益的最优行为模式，环境不一定随着经济发展而改善。只有同时具备"绿水青山就是金山银山"理念，认识到生态环境"用之不觉、失之难存"的价值，才会产生不同的成本和收益的概念，通过转变发展内容，形成"越保护、越发展"的结果。

因此，只有从狭窄的"人与商品"经济视野扩展到"人与自然"更宏大的视野，同时价值观念亦发生深刻转变，人类行为的很多约束条件才会发生改变，才会带来"人与自然和谐共生"的结果。原先一些不在考虑之列的因素，也会主动或被动地纳入行为决策时的考虑。同时，由于价值观念的变化，消费者的目标函数亦发生改变，一些过去不在目标函数内的因素，比如"用之不觉"的生态环境服务，就成为新的目标函数的一部分。很多过去在"人与商品"视野下被认为是最优的行为，在"人与自然"视野下就不被认为是最优；反之亦然。

习近平总书记在党的二十大报告中强调，中国努力建设的现代化，是"人与自然和谐共生的现代化"。这个概念不同于西方的现代化定义。这实质是在中国发展经验基础上，对以西方工业化社会为默认标准的现代化概念的反思和拓展，具有非常深刻的内涵。

二、建设什么样的生态文明

从工业文明走向生态文明，是应对传统工业化模式不可持续危机的必然选择，意味着决定人类行为的底层逻辑发生根本变化。生态文明和传统工业文明底层逻辑的区别，意味着发展范式的深刻转变。

（一）绿水青山就是金山银山

生态文明最核心的理念之一，就是"绿水青山就是金山银山"。习近平总书记指出，"绿水青山既是自然财富、生态财富，又是社会财富、经济财富。保护生态环境就是保护自然价值和增值自然资本，就是保护经济社会发展潜力和后劲，使绿水青山持续发挥生态效益和经济社会效益"①。

在传统工业时代，由于传统工业化模式下环境和发展之间的对立关系，长期以来绿色发展都被视为一个负担，良好的生态环境被认为是只有在经济发展到一定阶段后才能负担得起的奢侈

---

① 习近平：《论坚持人与自然和谐共生》，中央文献出版社2022年版，第10页。

品。因此，所谓环境库兹涅茨倒 U 形曲线，或"先发展（或先污染）、后治理"模式，就被作为一个发展规律被广泛接受，而治理污染则被视为一个负担。

生态文明强调的"绿水青山就是金山银山"理念，不同于工业化社会盛行的物质消费至上的价值观。它强调保护大自然的行为也增进人类福祉，同样也创造价值。这就使经济增长有可能摆脱对物质资源的依赖，同时也大幅拓展了经济发展的潜力，做到"越保护、越发展"。"绿水青山"转化成"金山银山"，涉及两个层面的问题。

第一，具体的机制设计问题。将"绿水青山"转化成"金山银山"，必须要有具体的体制机制。比如，通过生态补偿制度让提供生态服务的人们获得相应的收入。如果上游可以通过提供生态服务获得足够的收入，则他们就有动力去维护上游的"绿水青山"，而下游也会因为良好的生态环境而受益（减少损失、提高生产力、提高福祉）。从而上游就不需要通过走破坏生态环境的道路来发展经济，上游和下游就可以实现"一加一大于二"的双赢局面。又如，通过碳排放交易机制，一些碳汇活动（植树造林等）就可以获得收入。

第二，价值观和发展理念的问题。这个更为根本。发展的根本目的，是提高人们的福祉，即满足人们不断增长的对"美好生活"的需求。对"美好生活"的需求，不仅包括市场化的供给内容，也包括大量无法市场化的供给内容。其中，"美好生活"需求还可以催生新的市场供给内容。比如，基于优美的生态环境和独特的文化，可以发展很多基于市场的新业态（比如，生态旅游、体验、个性化需求等）。同时，那些难以市场化的内容（比如，优美的生态环境和丰富的文化），本身也可以愉悦身心，提高人民福祉。这些内容虽然无法在市场中直接交易，但都有影子价格。比如，人们愿意花钱旅行（支付交通食宿等费用），去生态环境更好的地方休闲。

目前，大部分关于"绿水青山"如何转化为"金山银山"的研究，更多地集中于第一个层面，即机制设计层面，对第二个层面更为根本的价值观和发展理念的变化，关注相对较少。发展理念的变化体现在行动上，就是政府不再像过去那样顾虑加大环境保护会影响经济发展，而是采取了大胆的环保和应对气候变化行动。对于消费者而言，价值观念的变化意味着消费观念、消费内容和生活方式的转变。

（二）良好生态环境是最普惠的民生福祉

习近平总书记在论述"良好生态环境是最普惠的民生福祉"原则时指出，"发展经济是为了民生，保护生态环境同样也是为了民生。既要创造更多的物质财富和精神财富以满足人民日益增长的美好生活需要，也要提供更多优质生态产品以满足人民日益增长的优美生态环境需要"①。那么，如何理解"良好生态环境是最普惠的民生福祉"？

第一，良好的生态环境是"美好生活"必不可少的内容。在标准的经济分析中，"美好生活"用消费者效用函数来刻画，消费的商品数量越多，效用就越高。虽然在理论上，这其中的"商品"也包括各种无形产品，但由于无形产品在数学上比较难处理，故通常经济学标准效用函数中更多的就只是处理物质商品，即所谓私人产品。同时，生态环境等非市场化的因素，也并未包括在标准的消费者效用函数中。因此，标准经济学的效用函数，

---

① 习近平：《论坚持人与自然和谐共生》，中央文献出版社2022年版，第11页。

往往难以准确刻画人们的福祉以及经济活动背后的动机，很多时候其理论预见也就同事实不符。

第二，生态环境不仅是福祉的重要内容，还具有普惠性。所谓普惠性，在经济学上同非竞争性的概念有关。也就是说，生态环境同普通商品不同，在一定的生态环境容量下，良好的生态环境可以为很多人同时共享，增加人数并不影响人们对生态环境的享受。并且，很多时候，好的环境都是免费物品。比如，一个社区的生态环境质量提升，则所有人都可以受益。不像物质商品，比如10个苹果，一些人如果多消费，则其他人就不得不少消费。

第三，改善生态环境的回报其实非常高。正是由于生态环境具有普惠性，其投资回报实际上较常规投资更高。这种投资，一方面可以催生很多市场化的新兴经济活动，从而带来高市场回报，另一方面则以非市场回报的形式出现。如果单纯以市场回报为标准来衡量，则这种回报可能不一定高，但如果以民众福祉来衡量，则这种回报就非常高。这就同发展理念和价值观密切相关。只有在"绿水青山就是金山银山"的理念下，才能真正理解并追求生态环境的价值。

（三）山水林田湖草沙是一个系统

山水林田湖草沙是一个相互依赖共生的生态系统。它们不仅相互依赖，一损俱损、一荣俱荣，而且它们之间会产生"一加一大于二"的共生效应。这种共生的生态系统，提供有价值的生态服务。

但是，一定程度上，传统工业化的逻辑同这种生态的逻辑相冲突。传统工业化的逻辑，不是去充分利用这种"一加一大于二"的生物多样性共生效果来造福人类，而是强调单一生产的规模经济，并过于依赖强大的工业技术去改造自然。为了发挥工业化的优势，工业化逻辑往往将这些相互依赖的子系统分开，以大规模方式进行开发。比如，农业单一种植。结果，自然生态系统的价值不仅在传统工业化模式中难以体现，生态系统的功能更是被传统工业化逻辑破坏，导致生态系统的崩溃。

具体而言，人的经济活动从生产内容和生产方式两个方面对生态系统产生冲击。

第一，在发展的内容上，并不是自然生态系统中的所有组成部分都对人有直接使用价值，人们只是将其主观上认为有价值的链条抽取出来，并进行大规模生产。而且，这个"主观价值"，又是受商业力量驱使而不断演变的。这种演变的方向，更多的又是服从于商业逐利的需要，而不是服从于自然生态系统的需要，很多时候甚至也不是服从于增进人类福祉的需要。这就是传统工业化模式下，发展的目的和手段往往本末倒置的原因。

第二，在发展的方式上，经济活动均是按照传统工业化逻辑进行组织，而工业化的逻辑更多的是依靠大规模生产。这就意味着，当工业化的逻辑改造基于自然的农业生产体系时，由于工业化逻辑同生态逻辑不相容，即使在所谓生态容量范围之内，也可能会带来自然生态系统的崩溃。

以山水林田湖草沙中的"田"为例。以中国为代表的东亚国家，在农业时代发展的先进生态循环农业体系具有很强的共生效果。比如，桑蚕共生、稻鱼共生、稻鸭共生等农业模式。但是，在工业化的过程中，"田"被按照工业化逻辑改造成单一农业、工业化农业、化学农业，农业面源污染成了最大的污染源之一，"山水林田湖草沙"相互依赖关系也因此被破坏。

三、怎样建设生态文明

（一）严格的生态环保制度

人类的最优行为模式，就是在给定约束条件下实现自身利益最大化。初看起来，传统的发展模式成本更低，而绿色发展成本更高。但是，如果考虑到传统发展模式的外部成本、隐性成本、长期成本、机会成本，以及非货币化的福祉损失，则结果往往正好相反。要实现从传统发展模式向绿色发展的转型，严格的环保政策是前提条件。

如果没有严格的生态环境约束，则企业为了获得最大利润，往往就会不顾及环境污染。此时，高利润（高增长）和高环境污染就同时存在。反过来，环境污染又会影响人们的健康（生理和心理健康），形成高增长、高环境和低福祉的发展路径。

如果有严格的生态环境约束，则企业就会在新的约束条件下寻求利益最大化。此时，企业的行为方式就不得不朝着两条路径转型。

路径一：改变生产方式，用新的技术和管理方式进行生产。这很可能会提高企业成本。但是，如果其产品在市场上属于必需，则企业就可以通过涨价将增加的成本转移给下游和/或消费者。当产品价格上涨时，消费者会根据其偏好作出新的选择。由于所有企业都面临同样严格的环境政策，那些环境代价小的产品，就会更有市场竞争力，整体经济就会更加绿色。

路径二：改变生产内容，即开发新的绿色产品。人的需求是全面的，而其中对物质的需求是有限的，对非物质的需求则是无限的。只要进行开发，这方面的潜力就难有止境，直到受限于人类的生产能力和消费能力（每个人消费时间的约束）。此外，良好的生态环境可以催生大量亲环境的市场活动。比如，户外休闲、文化、体育等。同时，好的环境亦可以提升产品价值。比如，房地产会因环境改善而升值。

但是，严格的环境管制政策只是绿色转型的必要条件。绿色转型的成功，还取决于政策的执行成本、企业能力及市场条件。

第一，政策的执行成本。如果需要付出过高的监督成本，则严格的环境管制政策就难以完全执行，政策更多只能停留在纸面。如果企业不严格遵守环境管制也不会受到惩处，则企业就不会有转型的压力。

第二，企业抓住绿色机遇的能力。企业能否理解并抓住绿色发展背后的商业机遇，是发展方式转型的重要条件。传统工业化模式的生产内容和生产方式（即生产什么和如何生产），在很多方面同绿色发展的内容和生产方式有着很大区别，后者需要的商业模式也有所不同。因此，企业能力就成为制约发展方式转型的重要因素。

第三，市场条件。绿色转型是一个系统性变化，更大程度上取决于市场条件，而非个别企业的能力。例如，目前市场上有很大的有机食品的需求潜力，即使单个企业有技术能力进行生产，但如果市场上有机食品的食品加工体系、营销体系、配送体系、检测体系等条件不具备，企业也难以进行这种绿色生产。

（二）共建美丽中国全民行动方案

习近平总书记指出，"生态文明是人民群众共同参与共同建设共同享有的事业，要把建设美丽中国转化为全体人民自觉行动。每个人都是生态环境的保护者、建设者、受益者","开展全民绿色行动,动员全社会都以实际行动减少能源资源消耗和污染排放,为生态环境保护作出贡献"。[①]那么,如何理解共建美丽中国是一个全民行动?

第一,生态环境同每个人都息息相关。每个人都是生态环境的利益相关者。任何目标的实现,都是众多利益相关者,在特定约束条件下追求自身利益最大化相互作用后形成的结果,否则目标就容易沦为口号。由于生态系统的复杂性,每个人都是生态环境的利益相关者。也就是说,每个人的行为影响生态环境,生态环境反过来又影响其福祉。

第二,每个人的行为都直接或间接地影响生态环境。任何人的消费行为,都会留下环境足迹。因此,每个人都不是旁观者。就雾霾治理而言,一些人往往将责任归为政府部门,而实际上,自己的日常消费行为和生活方式同雾霾的产生密切相关。如果不改变消费者的生活方式,则环境治理就难以起作用。

第三,生态环境效果是所有人共同作用的结果。尤其是,政府、企业和消费者起着关键作用。其中,政府的政策会改变企业和消费者的约束条件,企业和消费者在不同约束条件下会产生不同的供给和需求。供给和需求在市场上决定经济后果,从而对应不同的环境绩效。

因此,生态文明建设的目标,必须同各行为主体共同作用产生的"环境绩效"相一致。只有这样,环境目标才具有自我实现的机制,否则就会沦为口号。

---

① 习近平:《论坚持人与自然和谐共生》,中央文献出版社2022年版,第11—12页。

（三）共谋全球生态文明建设之路

中国提出的生态文明和新发展理念，不只是缘于中国发展模式面临的特殊问题，背后更是工业革命后人类建立的传统发展模式不可持续的普遍问题。因此，生态文明的意义，就不限于中国，而是具有全球普适性。由于工业革命后建立的传统发展模式建立在"高资源消耗、高环境损害、高碳排放"基础之上，它无法让全球共享繁荣，当更多世界人口试图加入"现代化"行列时，传统工业化模式不可持续的弊端就暴露无遗。

2015年11月30日，在巴黎气候变化大会开幕式上，习近平主席发表题为《携手构建合作共赢、公平合理的气候变化治理机制》的演讲，明确提出了"双赢"和"共赢"。"双赢"是指经济发展和应对气候变化之间的双赢；共赢是指各国之间的共赢。"巴黎大会应该摒弃'零和博弈'狭隘思维，推动各国尤其是发达国家多一点共享、多一点担当，实现互惠共赢。"[1]

生态文明是实现全球可持续发展的根本之道。在传统工业化模式下，由于发展与环境之间某种程度上存在两难冲突，如果不从根本上改变传统工业化模式下形成的发展理念，联合国可持续发展目标（SDGs）等全球性目标就很难实现。只有在生态文明理念下，实现发展方式的根本性转变，才能最终实现可持续发展。基于生态文明的新发展范式，就成为实现人类可持续发展的必然选择，也是构建人类命运共同体的前提。

---

[1] 习近平：《携手构建合作共赢、公平合理的气候变化治理机制》，《人民日报》2015年12月1日第2版。

第二章

人与自然
和谐共生的现代化

人与自然和谐共生的现代化，是中国式现代化的一个重要特征。这种现代化模式，是对工业革命后发达国家建立的不可持续现代化模式的超越。传统现代化模式对应的是旧发展理念和传统工业化模式，环境与发展之间相互冲突；人与自然和谐共生的现代化，对应的则是新发展理念和绿色发展模式，环境与发展之间可以形成共赢关系。这种共赢关系，为国与国之间、当代人与后代人之间的共赢关系创造了条件，进而为实现全球可持续发展目标、人类命运共同体、全球环境治理、南南合作等奠定了新的基础。中华民族的伟大复兴，也就成为推动全球共同繁荣的新机遇。[①]

一、欧美式现代化的危机

（一）世界范围的现代化历程

党的十九届五中全会对"十四五"规划和2035年远景目标进行了战略部署，开启全面建设社会主义现代化国家的新征程。中国式现代化有五个基本特征，即人口规模巨大的现代化、全体人民共同富裕的现代化、人与自然和谐共生的现代化、物质文明与精神文明相协调的现代化、走和平发展道路的现代化。这其中，人与自然和谐共生的现代化是中国式现代化的基础和重要保证。

中国式现代化不是当今发达国家现代化的翻版，而是对现代

---

① 张永生：《人与自然和谐共生的现代化》，高培勇、黄群慧等著：《中国式现代化论纲》，中国社会科学出版社2023年版，第309页。

化概念的重新定义。工业革命后,以发达工业化国家为标准的现代化,不仅带来了全球环境不可持续的危机,而且人们的福祉也并未随着GDP同步提升。目前世界上关于现代化的概念,很大程度上均是在传统工业时代建立,无法满足生态文明和新发展理念下中国新的现代化转型要求。因此,必须对现代化进行重新定义,为现代化概念注入新的内涵。

长期以来,世界各国关于现代化道路的探索,更多的是集中在如何实现现代化的问题上,而不是集中在现代化内容本身。自晚清以来,中国关于现代化的探索,无论是最开始侧重器物和技术层面,还是后来关注制度与思想层面,也多是集中在应走西式还是俄式道路"实现现代化"上。对制度与思想的讨论,更多的也只是将其作为器物现代化的手段和途径。经过实践,中国历史性地选择了社会主义道路和社会主义市场经济。但是,对现代化的经济内涵和目标,则更多的是以发达国家为标准,重点是如何学习和追赶西方发达国家的经济。

毫无疑问,工业革命催生的以发达工业化国家经验为标准的现代化,极大促进了人类文明的进步,中国亦是这种现代化模式的最大受益者之一。但是,这种现代化模式却有其内在局限,主要包括:发展目的与手段背离、发展不可持续、无法以此模式实现全球共享繁荣。目前中国经济社会发展面临的各种挑战,很多正是源于这种现代化概念的内在局限。解决这些问题,仅仅思考"如何实现现代化"已远远不够,更应该对"什么是现代化",即现代化的内涵和目标进行深刻反思和重新定义,提出面向未来和全球普适的现代化新论述。

目前的现代化理论,更多的是20世纪中叶作为解释西欧和北美几百年工业化社会发展的理论,主要由西方社会科学家发展起来。现代化被定义为工业化、城镇化、理性化、官僚政治、大规模消费和民主化的过程。美国经济学家罗斯托基于工业化国家的经验，将经济现代化过程分为五个阶段：传统社会阶段、准备起飞阶段、起飞阶段、成熟阶段、大规模消费阶段。一直以来，这种现代化理论为在欠发达国家实现西方式经济现代化提供理论依据。

现代化从一开始就伴随着批判。比如，法兰克福学派和后现代主义，认为西方现代化的实现离不开殖民、贩奴、掠夺土地和资源、剥削工人等，这种方式不能也不应该为其他地方复制。还有一些反思，则集中在现代化过程对传统社会的冲击与后果。但是，这些批判更多的是集中在西方实现现代化的方式产生的负面性，以此说明其他国家不可能也不应该以这种方式实现现代化。对于现代化的内涵和目标本身的内在局限的批判却不太充分。关于现有发展方式不可持续的问题虽然已有很多讨论，但大多是一种绿色工业文明的思路，冀望在现有现代化范式下通过新技术突破实现可持续；或者，冀望通过所谓"增长的极限"或"无增长的繁荣"等比较极端的方式解决可持续问题。对于欧美现代化内在的悖论，则少有论述。

因此，需要从历史的维度、全人类发展的高度和深度，对工业革命以来的现代化概念进行根本性反思和重新定义，赋予现代化新的内涵和目标。中国探索现代化的经验和教训，对于建立新的现代化论述具有独特意义。中国既是旧现代化概念的最大受益者之一，又对其弊端有切身体会。中国在此基础上提出的"人与自然和谐共生"的现代化，实质是对基于工业化国家发展经验的现代化概念的反思和重新定义。尤其是，当今世界正面临百年未有之大变局，"十四五"是中国向第二个百年奋斗目标进军的新的历史时期，实现中国式现代化就尤为重要。

（二）欧美式现代化与"现代病"

工业革命以后，以发达国家或工业化国家为代表建立的现代化模式，很大程度上是以物质财富的生产和消费为中心，高度依赖物质资源和化石能源的投入，不可避免地导致环境和发展之间相互冲突的关系。这种现代化模式可以让世界上少数人口过上物质丰裕的生活。目前，发达国家的全部人口约为11亿，占全球人口不到14%。所谓现代化悖论是指，一旦这种现代化模式扩大到全球范围80多亿人口，或者在一个更长的时间尺度上，就必然会带来发展不可持续的危机。[①]这正是目前全球环境危机等问题的根源。目前全球流行的现代化概念，正是基于这种不可持续的现代化模式。此外，从发展的根本目的来看，这种增长模式似乎并未带来福祉水平的同步提高。

——联合国可持续发展目标。现有的所谓现代化国家，也没有实现"人与自然和谐共生"的现代化目标。比如，联合国可持续发展目标，针对的是所有国家，包括发达国家和发展中国家。这说明，SDG的17大类目标，发达国家也没有很好地实现。

——碳排放。在碳排放方面，所有发达国家都是高排放国家。发达国家的累积历史碳排放占全球的80%以上。当前的人均碳排放，发达国家也明显高于发展中国家。如果减排目标无法实现，全球气候危机就无法解决，人与自然就无法和谐共生。

——生物多样性。根据联合国2020年的评估报告，联合国

---

① 张永生：《走出现代化的悖论》，经济学动态编辑部编：《中国社会科学院经济研究所学术研讨会观点集（2020）》，中国社会科学出版社2021年版，第225页。

《生物多样性公约》第十次缔约方大会（COP10）针对生物多样性保护制定的20个目标（即爱知目标），在全球层面，没有一项完全实现。中国是完成情况最好的国家之一。根据2021年《达斯古普塔报告》，目前全球生物多样性下降的速度超过人类历史上任何时期。现在物种灭绝的速率，比基准速率高100—1000倍，且这一速度还在加快。

——环境污染。发达国家的环境并不像看起来的那么美好。比如，其农业是典型的化学农业，使用大量农药、化肥和激素，造成大量污染。以空气污染为例，根据美国环保署对1990—2020年美国清洁空气法案的效果评估报告，美国治理空气污染将避免因空气污染造成的疾病和过早死亡，估算将产生2万亿美元的经济效益（即不治理空气污染会产生的危害）。但是，如果只是将污染产业转移到其他国家，然后从其他国家进口高污染产品来消费，那么这种现代化模式就没有全球性意义。

——福祉后果。经济学用效用表示消费者的福祉水平，而效用又取决于给定收入条件下的商品消费，故收入状况就成为测度福祉的主要指标。以收入分配标准看，大部分的发达国家并没有解决好收入分配公平问题，由此带来严重后果，而这些问题又源于背后的深层制度问题。

由于发展的根本目的是提高人民福祉，如果进一步从福祉的维度来测度就可以发现，收入水平的提高并不一定同步提高民众的福祉。以健康为例，经过年龄标准化后可比的癌症人口发生率，美国是中国的约5倍，是印度的约18倍。有趣的是，发达国家的高发病率与高治疗率同时发生。在这种"高发病率、高治疗率"的扭曲模式下，疾病治疗成为经济增长的重要来源。医疗产业的这种扭曲模式，同"先污染、后治理"的传统经济发展逻辑惊人地一致。目前，美国卫生总支出占GDP的比重高达18%左右。按照GDP的标准，这种增长是"高质量"的，但按照福祉标准，结果正好相反。

这意味着，一直以来为发展中国家追捧的所谓"现代"生活方式，在很多方面并不是一种可持续、高福祉的生活方式。传统工业化模式的内在特征及其背后的制度因素，不仅带来环境不可持续，也使得发展偏离了发展的根本目的即福祉。这种GDP导向的经济增长，没有奉行以人民福祉为中心的发展，不是将人民福祉当作发展的目的，而是将人当作经济增长的工具，使经济增长为少数利益集团服务。

（三）欧美式"现代化的悖论"

环境与发展之间冲突导致的不可持续，会导致国与国之间的两难冲突。工业革命后建立的高度依赖物质资源和化石能源投入的传统工业化模式，虽然可以让世界上少数人口过上物质丰裕的生活，但是一旦这种模式扩大到全球范围，或者在一个更长的时间尺度上，就必然会带来发展不可持续的危机，出现"现代化的悖论"。

世界上有两类国家，即发达国家与发展中国家。当全球南北方国家差距足够大，发展中国家的人均产出足够低于发达国家时，由于全球生产总量有限，不至于出现全球性环境危机。此时，发达国家的现代化模式看似可以在全球复制，因为其环境不可持续的内在局限由于全球南北差距大而被掩盖。

这样，发达国家的现代化模式就被广大发展中国家视为现代化的模板。目前全球广为接受的现代化概念，正是以发达工业化国家为标准的、以物质财富的生产和消费为中心的现代化。后发国家对现代化的探索，更多的是将发达国家经济内容和发展水平作为默认标准，主要集中在如何根据本国国情"实现发达国家那样的现代化"，即如何提高产出水平，而对"什么是现代化"，也就是产出的内容是否可持续，以及是否能够提高人民福祉，则缺少深刻反思和质疑。当越来越多的新兴国家也按照工业化国家的模式快速发展，以气候变化为代表的全球环境危机爆发，这种现代化模式不可持续的弊端也就暴露无遗。①欧美式"现代化的悖论"，实质是传统发展模式及其背后的价值体系、制度体系的危机。

二、中国式现代化的生态基础

（一）生态文明定义中国式现代化

工业革命后，人类社会从传统农业文明进入工业文明，价值观念的重大转变是其前提。从不可持续的传统工业文明到生态文明，同样需要价值观念的重大转变。"人与自然和谐共生"的现代化意味着：一是视野的扩大，即从传统工业文明狭隘的经济视野，转变到生态文明"人与自然"的宏大视野。二是发展观或价值观的转变。发展的根本目的是提高人民福祉，满足人们"美好生活"需要。基于传统工业化道路的发展模式，往往导致增长与福祉相背离。一旦用新的现代化坐标系来衡量，则传统的成本、收益、最优化等概念就会发生很大变化，由此带来供给内容的转

---

① 张永生：《现代化悖论与生态文明现代化》，高培勇、张翼主编：《推进国家治理现代化研究》，中国社会科学出版社2021年版，第102页。

变。这种转变类似从地心说到日心说的转变，会带来发展范式的深刻转变。

作为中国式现代化五个基本特征之一，人与自然和谐共生的现代化是其他四个基本特征的基础和重要保证。

——人口规模巨大的现代化。由于基于传统工业化模式的现代化模式过于依赖资源消耗和环境破坏，这种模式只能让全球少数人口过上丰裕的物质生活。目前所有发达国家的人口数约11亿，而中国的人口则超过14亿。显然，只有绿色发展方式，才有可能使人口规模巨大的经济体或全球人口实现现代化。

——全体人民共同富裕的现代化。传统的现代化模式只能让少数人过上富裕的生活，由于人与自然和谐共生的现代化不再依赖于高物质资源投入、碳排放，就有望实现全体人民乃至全球共享繁荣。与此同时，在新的现代化概念下，"富裕"的内涵也发生相应改变。比如，良好的生态环境是最普惠的民生福祉。

——物质文明与精神文明相协调的现代化。传统现代化模式以物质财富的大规模生产和消费为中心，经济增长基于物质消费主义，而人与自然和谐共生的现代化，则在强调适度物质财富的同时，更强调人的全面发展。这其中，精神需求就是发展的重要内容。精神需求既包括可以转化为GDP的市场化服务，也包括非市场化的服务。

——走和平发展道路的现代化。由于发展模式转型后，环境与发展之间可以相互促进，国与国之间为争夺有形资源而发生冲突的可能性就大幅降低，这就为和平发展奠定了坚实的基础。

同其他发达国家一样，中国现有的经济体系、空间格局及基础设施，很大程度也是传统工业时代的产物，需要在数字时代根据生态文明的内在要求进行重新塑造。传统工业化模式以物质财富的大规模生产和消费为中心，发展被视为农业经济体如何实现工业化和城镇化的过程。与此同时，农业也按照工业化大生产的逻辑被改造，由此形成传统工业时代的经济体系和空间格局。人与自然和谐共生的现代化，将全面而深刻地重塑中国的经济体系和空间格局。

（二）生态文明与如何建设中国式现代化

人与自然和谐共生的前提，是转变现有经济发展内容。这就要求供给侧和需求侧两端的内容均发生深刻转变。这种转变背后的驱动力，在于发展理念、消费观念和相对价格的引导。①

第一个途径是改变绿色产品和非绿色产品的相对价格。在政府环境规制等政策作用下，"两高一资"产品的价格成本会上升，其他产品的相对价格会下降，市场会自发地调整对不同产品的需求。但是，这种调整更多的还只是标准经济学中的环境外部成本内部化，仅此还不足以解决环境问题，还需要更为根本的发展理念和价值观念的转变。

第二个更重要的途径，就是要改变价值观念和消费者偏好。正如从农业社会到工业社会需要社会心理和价值观念的系统性转变一样，从传统工业化模式到绿色发展模式，也需要社会心理和价值观念的系统而深刻的转变。标准经济学是在偏好外生给定条件下进行资源配置的分析，对于偏好内生不以为然。但是，经济史以及行为经济学、实验经济学的大量研究表明，偏好是不断演进的。

此外，如果经济增长是以GDP为导向，且经济增长又是建立在传统工业化模式的基础上，则环境破坏就会随着GDP增长而

---

① 张永生：《生态环境治理：从工业文明到生态文明》，*China Economist* 2022年第2期。

"水涨船高"。这时候，解决的根本途径，不是限制经济增长，而是转变发展内容，扩大绿色产品和服务的内容，以让经济增长尽可能地同资源消耗和环境破坏脱钩。

这两个基本途径，对应着生态文明两个最核心的概念：第一个是"人与自然和谐共生"的概念。这意味着约束条件的改变，即从过去只考虑经济活动的市场收益，扩大到考虑其对生态环境等的影响。这种新的约束条件，会改变产品的相对价格。第二个是"绿水青山就是金山银山"的发展概念。这实际上是一个新的发展理念，对应的是新的偏好以及对美好生活的重新定义。从传统农业社会到工业社会转变的前提，就是社会心理和消费习惯的大规模转变。同样，从现在不可持续的传统工业化模式转变到绿色发展，也需要人们社会心理、消费心理、生活方式的系统性转变。如果没有价值观念的重大转变，仅仅依靠技术进步，就难以实现绿色转型。

党的十九届四中全会提出坚持和完善生态文明制度体系，重点强调生态环境保护、资源利用、生态保护与修复、生态环境责任制度等。这些构成了生态文明制度体系的具体内容。

生态环境保护：生态环境保护背后，是发展范式转型问题。只有彻底实现绿色转型，才能够形成"越保护、越发展"的关系。

资源节约利用：资源节约利用的背后，是要改变在传统工业化模式下形成的基于消费主义的"现代经济"，建立起对资源消耗扩张的有效制衡。因此，需要对资源环境产品实现全面的强度与总量"双控"制度。

生态保护与修复（生物多样性）：全球生物多样性保护的十年"爱知目标"之所以无一实现，根本原因在于人类仍然很大程度上是在传统工业化思维下寻求如何实现这些目标，没有触及生物多样性破坏的根源。习近平主席在《生物多样性公约》第十五次缔约方大会（COP15）领导人峰会上提出的"人类高质量发展新征程"倡议，就是对发展的最基本问题的重新思考，为解决全球生物多样性问题指明了方向。

应对气候变化：在传统发展模式下，由于经济发展建立在碳排放基础之上，减排和发展之间是一种相互冲突的关系，减排也就被视为发展的负担，从而全球气候谈判就成为一个各国如何进行负担分担的博弈。实际上，从生态文明的视角看，减排行动有可能使经济结构跃升到一个更有竞争力的结构，从而就可以实现习近平主席在气候变化巴黎大会上提出的经济发展和应对气候变化双赢、各国之间互惠共赢。

实现"人与自然和谐共生"的现代化，发展战略要从过去GDP导向转向以人民为中心的发展战略，从中国社会基本矛盾发生转变的新论断出发，以满足人民群众不断增长的"美好生活"需要为核心，不断催生新的供给内容。[①]

第一，按照"人与自然和谐共生"现代化的新要求揭示其新内涵。新的现代化道路，从一直以来关注"如何实现"的问题，转变到同时关注"实现什么样的现代化"和"如何实现"，尤其是如何为新的现代化内容建立相应的体制机制。"人与自然和谐共生"现代化的内涵，同传统工业时代现代化内涵的最大区别，就是对美好生活的不同含义，前者强调适度物质消费和人的全面发展，而后者基于物质至上的消费主义。

第二，基于生态文明重新认识高质量发展，并建立新的现代

[①] 张永生：《建设人与自然和谐共生的现代化》，刘世锦主编：《读懂"十四五"新发展格局下的改革议程》，中信出版集团2021年版，第362页。

化测度标准。现有关于高质量发展的讨论，很多未能超越传统工业文明理念，还是"传统经济效率"意义上的高质量，并不能成为中国高质量发展的标准。高质量发展不仅需要高技术、高效率、产业升级、高附加值等，也需要在新的生态文明框架下进行定义。发达工业化国家的经济并不一定意味着高质量发展。一旦在生态文明更大的框架下重新定义成本和收益的概念，将传统模式下的外部成本、隐性成本、长期成本、机会成本等考虑在内，则原先一些在传统工业化狭隘视野下被视为高质量的发展，可能就成为低质量发展。发展的目的或初心是提高人民福祉。违背初心的发展内容，效率再高，也不能称之为高质量。因此，必须根据党的十九大提出的"美好生活"概念转变发展评价标准，进一步淡化GDP的评估与考核作用。

第三，根据生态文明的内在要求，重新优化政府和市场的职能，以让市场发挥决定性作用，更好地发挥政府的作用。政府和市场关系随着历史条件的变化而变化。现有的政府和市场职能，更多的是在传统工业时代形成。环境危机是典型的市场失败。建立"人与自然和谐共生"的现代化，涉及对市场职能和政府职能的重新定位。党的十八届三中全会提出"更好地发挥市场的决定性作用，更好地发挥政府的作用"，以及党的十九届四中全会关于推进国家治理体系和治理能力现代化的决定，实质是对市场的功能和政府职能进行重新定义。比如，政府采取严格的环境措施会改变不同产品的相对价格，对绿色产品技术的扶持会促进绿色技术进步，降低绿色产品的价格。

第四，基于生态文明挖掘供给侧结构性改革新内涵，实现供给内容和供给方式的绿色转型。供给侧结构性改革是实现高质量发展的重要保障。供给侧结构性改革新的内涵，是要保证发展内容不偏离提高人民福祉这个初心，对于发展什么和不发展什么，从国家战略和政策上进行必要的引导和调整。原则是：对那些负外部性、长期成本、隐性成本、机会成本高和影响人民福祉的经济活动进行抑制，对那些绿色经济活动进行鼓励。具体而言，一是促进新兴绿色供给；二是对无效经济活动进行抑制；三是促进那些难以市场化和货币化的服务供给（比如生态环境文化等普惠的民生需求）。

第五，复兴中国传统文化价值观。习近平总书记在2023年6月2日视察中国历史研究院，并在此间召开的文化传承发展座谈会上发表重要讲话，提出"建设中华民族现代文明"的伟大目标，强调"两个结合"，尤其是马克思主义基本原理同中华优秀传统文化相结合。①传统农业社会向工业社会转变最大的前提之一，就是观念和消费模式全面而深刻的转变，即从节俭的生活方式向大规模消费的生活方式转变，以为大规模生产提供市场，从而形成以消费社会和大量无效经济活动为特征的现代经济。同样地，从传统工业文明向生态文明转变，也需要一场全面而深刻的消费观念和生活方式的革命性变化，可以从中国传统文化中汲取力量。观念的变化通常被标准经济学家视为不可能，或被视为一种计划经济思维。但实际上，大量行为经济学研究表明，所谓消费者"自由选择"某种程度上只是一种假象，消费者行为（喜欢什么或不喜欢什么），其实很大程度上是被无形商业力量系统性操纵的结果。

（三）生态文明与中国式现代化目标

从党的十九大作出的分两步走在本世纪中叶建成富强民主文

---

① 习近平：《在文化传承发展座谈会上的讲话》，《求是》2023年第17期。

明和谐美丽的社会主义现代化强国的战略安排，到党的二十大确定的以中国式现代化全面推进中华民族伟大复兴的中心任务，美丽中国都是其中的重要目标。

第一个阶段：从2020年到2035年。在全面建成小康社会的基础上，再奋斗15年，基本实现社会主义现代化。广泛形成绿色生产生活方式，碳排放达峰后稳中有降，生态环境根本好转，美丽中国建设目标基本实现。

第二个阶段：从2035年到本世纪中叶。在基本实现现代化的基础上，再奋斗15年，把中国建成富强民主文明和谐美丽的社会主义现代化强国。中国物质文明、政治文明、精神文明、社会文明、生态文明将全面提升。

中国的现代化目标，经历了一个历史演进的过程，从早期的实现工业化到"四个现代化"，再到全面建设小康社会、全面建设社会主义现代化国家，直至党的二十大提出中国式现代化目标。[①]

第一，从实现社会主义工业化到实现"四个现代化"。新中国成立后，以毛泽东为主要代表的中国共产党人，决定先从实现社会主义工业化入手，并在推动工业化建设的进程中逐步提出了到20世纪末实现"四个现代化"的奋斗目标。1964年12月，周恩来在三届全国人大一次会议上所作的《政府工作报告》中提出了"四个现代化"的奋斗目标，即现代农业、现代工业、现代国防和现代科学技术。1975年1月，周恩来在四届全国人大一次会议上所作的《政府工作报告》中，重申了"四个现代化"目标和发展国民经济的两步设想。第一步，在1980年以前，建成一个独立的比较完整的工业体系和国民经济体系。第二步，至20世纪末，全面实现农业、工业、国防和科学技术的现代化，使我国

① 张金才：《新中国社会主义现代化建设奋斗目标的历史演进》，《党的文献》2019年第6期。

国民经济走在世界的前列。

第二，从实现"四个现代化"到全面建设小康社会。1979年3月21日，邓小平在会见英中文化协会会长麦克唐纳时，首次提出了"中国式的四个现代化"新概念。他说："我们定的目标是在本世纪末实现四个现代化。我们的概念与西方不同，我姑且用个新说法，叫做中国式的四个现代化。"1979年12月6日，邓小平会见日本首相大平正芳，首次提出"小康"的概念，并将我国现代化的标准进行了具体化。他指出："我们的四个现代化的概念，不是像你们那样的现代化的概念，而是'小康之家'。"

小康目标提出后，邓小平又提出了"三步走"发展战略，简而言之，即分解决人民温饱问题、人民生活总体上达到小康水平、基本实现现代化三个步骤发展的战略。这是由温饱到小康的历史性跨越，但小康还是低水平的、不全面的、发展很不平衡的小康。2000年10月召开的党的十五届五中全会，又提出了从新世纪开始全面建设小康社会的目标和任务。党的十六大提出国内生产总值到2020年力争比2000年翻两番。

第三，从全面建成小康社会到全面建成社会主义现代化强国。党的十八大基于我国经济社会发展的新形势特别是小康社会建设的实际进程，将"全面建设小康社会"提升为"全面建成小康社会"，并在党的十六大、十七大确立的全面建设小康社会目标的基础上，提出了新的更高要求。党的十九大提出"开启全面建设社会主义现代化国家新征程"，党的二十大提出"全面建成社会主义现代化强国"。全面建成社会主义现代化强国总的战略安排是分两步走：从2020年到2035年基本实现社会主义现代化；从2035年到本世纪中叶把我国建成富强民主文明和谐美丽的社会主义现代化强国。

三、从"三个矛盾"到"三个共赢"

传统现代化模式对应的是旧发展理念和传统工业化模式，环境与发展之间相互冲突；人与自然和谐共生的现代化，对应的则是新发展理念和绿色发展模式，环境与发展之间可以形成共赢关系。环境与发展之间从相互矛盾到共赢关系，就为国与国之间、当代人与后代人之间的共赢关系创造了条件，进而为实现联合国可持续发展目标、人类命运共同体、全球环境治理、南南合作等奠定了新的基础。中华民族的伟大复兴，也就成为推动全球共同繁荣的新机遇。

（一）环境与发展的共赢

早在1983年，环境保护就成为中国的基本国策。但是，随着经济快速增长，中国的环境却严重恶化，直到党的十八大后生态文明建设被提到前所未有的高度，中国的生态环境才发生历史性、转折性、全面性好转。背后的原因在于，生态环境保护不只是简单的环境保护问题，更是发展方式转变的问题。党的十八大后，中国关于环境与发展关系的认识发生了深刻转变，由此带来行动上的突破。

20世纪中叶起，中国开始了波澜壮阔的工业化进程。尤其是，1978年改革开放后，经济保持了年均约10%的高速增长奇迹。在短短40年内，中国人均GDP增长超过20倍，总GDP增长超过30倍，从世界上最贫穷的国家之一，成为世界第二大经济体，综合实力大幅跃升，取得了人类历史上史无前例的发展成就。2020年，中国消除绝对贫困，全面建成小康社会，国内生产总值达到100万亿元，人均GDP超过1万美元。从规模而言，中国是传统工业化模式最大的受益者。但是，由于传统发展模式不可持续，中国经济增长付出的生态环境成本亦十分高昂。这使得中国坚定不移地转向生态文明和绿色发展。

党的十八大后，中国提出了新发展理念、生态文明思想、中国社会基本矛盾变化的论断、"美好生活"概念、"绿水青山就是金山银山"理念、高质量发展、绿色发展、供给侧结构性改革、"五位一体"总体布局等一系列新的理念、论断以及发展战略，并坚定不移地进行发展方式的转换。这些新的提法，反映了中国现代化建设面临的深层问题和解决思路，背后实质是对基于传统工业时代的现代化概念的重新反思。

需要指出的是，在工业时代，由于生态环境被传统工业化模式破坏，关于人与自然和谐相处的呼吁就一直存在。但是，在生态文明背景下强调"人与自然和谐共生的现代化"，却同传统工业时代的思路有着本质区别。

传统工业时代的发展理念建立在人类中心主义的基础之上，"大自然"被视为经济活动的资源攫取对象和废弃物排放场所。在这种狭隘的经济视野下，物质消费主义和过度消费成为现代经济的基础。为不断提高物质生产和消费水平，人类就会对大自然无限制地攫取，以至于突破人与自然关系的边界。在这种理念下，生态环境问题被视为一个简单的外部性问题。

在生态文明的视野下，人类经济活动只是大自然的一部分或子集，经济活动必须在大自然的边界内进行。这种新的约束条件就会转变经济发展的内容和方向，从而在经济发展的同时，实现人与自然和谐相处，实现"越保护、越发展"。这种现代化，会产生三个层面的"共赢"，即环境与发展、国与国、当代人与后代人之间的共赢。

（二）国与国的合作共赢

人与自然和谐共生的现代化，意味着环境与发展之间的关系从传统模式下的相互冲突转变为相互促进。这种"环境与发展"之间的共赢，就带来国与国之间的共赢。因此，中国实现人与自然和谐共生的现代化，就为全球环境治理、联合国可持续目标、人类命运共同体构建、南南合作等提供了基础。

1.全球治理：从各国"负担分担"转向"机遇共享"

现有全球环境治理的理念和机制，很大程度上均是建立在"先污染（排放）、后治理（减排）"的传统发展模式基础之上。在这种模式下，减排成为经济发展的负担，全球环境治理更多地成为各国负担分担的博弈。习近平主席在2015年联合国气候变化巴黎大会上提出的经济发展和应对气候变化双赢、各国之间互惠共赢的思想，则为建立新的全球环境治理体系提供了新思路。

2.可持续发展目标

联合国可持续发展目标之所以长期未能实现，并不是因为人们过去没有意识到这些目标的重要性，而是因为这些目标在传统工业化模式下相互冲突。如果不彻底转变发展模式，就难以建立起17大目标之间相互促进的关系，SDGs目标的实现也就困难重重。

这些目标的完全实现，有赖于内在经济发展机制的改变。在工业革命后建立的传统工业化模式下，增长模式一定会带来环境、文化、社会、治理之间的冲突。只有根据生态文明的逻辑对发展范式进行系统性转变，才有望建立起这些目标相互兼容乃至相互促进的关系。因此，人与自然和谐共生的现代化，就成为实现SDGs的基础。

3.构建人类命运共同体的基础

人与自然和谐共生的现代化，是构建人类命运共同体的基础。人类命运共同体的概念，是人类社会发展到一定历史阶段的产物。人类社会经历了农业文明、工业文明，正在进入生态文明。农业社会不可能出现类似今天人类命运共同体的概念。一是由于生产力低下，人类没有足够的能力大范围影响环境。二是由于不同地方的相互依赖程度低，即使一个局部地区的文明消失，对全球其他地方的影响也有限。因此，在生产力低下的农业社会，就很难出现人类命运共同体的概念，更多的只是"天下大同"之类的政治理想。

在传统工业时代，由于全球危机的出现，有了对人类命运共同体的内在要求，但却没有实现的基础。工业革命后，生产力出现飞跃，人类进入所谓人类世（Anthropocene），人类活动成为影响环境变化的主要因素。与此同时，人类社会进入相互依赖的全球化时代，一个地方的不可持续会影响其他地区。但是，由于传统工业化模式下环境与发展之间的内在冲突，环境问题不可能真正得到解决，人类命运共同体不可能真正实现。在生态文明时代，人类社会彻底转变"高资源消耗、高碳排放、高环境破坏"的发展模式，实现"人与自然和谐共生"的现代化，人类命运共同体的概念才有可能真正从愿望变成现实。

4.发展中国家新的现代化之路

目前世界上广为接受的现代化概念，都是工业革命后以发达国家标准为标准的现代化。中国式现代化则开辟了人类文明新形态，为广大发展中国家提供了新的现代化图景。发展中国家完全可以走出一条新的现代化道路，不再走"先污染、后治理"的老路。目前，约有140多个国家以不同形式承诺了碳中和。这些国家碳排放量和经济总量均占全球的90%左右，人口占85%左右。在这140多个国家中，约有七成属于发展中国家。按照过去发达国家的发展路径，碳排放要先到达一个高峰然后才能下降，整体呈倒U形曲线。现在，这么多发展中国家承诺碳中和，并通过低碳模式实现经济起飞，则是对传统发展模式和发展理论的一个颠覆性改变。

那么，为什么这么多发展中国家承诺碳中和？原因并不是由于这些国家对全球不可持续危机的责任心陡然增强，更多的是因为他们看到了减排背后的巨大机遇和低碳起飞的现实可行性。过去十年，以中国为代表的太阳能和风能技术取得了巨大进步，成本降低了90%左右，新能源价格已可以同煤电竞争。新能源汽车的成本也大幅降低。未来国与国的经济竞争，就是绿色发展的竞争。

尽管发展中国家的绿色转型面临技术、资金等困难，但其也具有巨大的后发优势。在新能源、电动车等绿色新兴技术和互联网发达的今天，发展中国家完全有可能通过绿色低碳工业化道路实现低碳起飞。相反，那些通过高碳发展道路实现"现代化"的发达国家，其经济结构和基础设施很大程度上已被锁定在高碳道路上，转型成本反而更加高昂。

（三）当代人与后代人的共赢

在代际层面，实现当代人与后代人之间的共赢。在传统发展模式下，由于经济增长过于依赖物质资源投入，当代人与后代人的利益相互冲突。这一思路体现在世界环境与发展委员会在1987年发布的《我们共同的未来》（也称《布伦特兰报告》）对"可持续发展"的传统定义上，即"在满足当代人需求的同时，不损害后代人满足其自身需求的能力的发展"。

但是，在绿色发展模式下，由于发展理念和发展内容的转变，生产的要素和投入越来越多地依靠知识、技术、生态环境、文化、体验等无形资源，而这些资源具有非竞争性（即可以很多人同时使用而不受影响），且具有累积性效果（即越用越多），故当代人福祉的提高就不会降低后代人的福祉。

这种当代人与后代人共赢的发展模式，其实有很多直观的例子。比如，文化就是历史越长沉淀越多，古人留下来的丰厚文化遗产成为宝贵的资源。例如，长城、都江堰、三星堆等文化遗产，成为当地旅游等产业发展的基础。在可再生的限度下对生态自然资源进行有效利用，就不会影响到后代人的开采，从而保护生态环境就能创造当代人和后代人的共赢。

第三章

发展观的深刻革命

　　中国生态文明建设过程，是共产党领导全国人民不断探索可持续的现代化道路的过程。中国在不同时期为解决环境问题采取了不同政策，取得了宝贵的经验教训。这个过程也是对环境与发展关系的认识不断加深的过程。如果以中国关于环境与发展关系认识论的深刻转变过程为主线，就可以看出相关重大政策、重大事件背后的成因，加深对中国生态文明的认识。

　　中国提出生态文明和新发展理念，不只是缘于中国发展模式面临的特殊问题，背后更是工业革命后传统发展模式不可持续的普遍问题。如果说工业革命是西方工业化国家对人类作出的重大贡献，那么生态文明的提出及其实践探索，则是中国在自身五千年传统文化基础上吸纳工业文明的优点，为人类发展作出的重大贡献。在党的十八大后形成完整的生态文明思想之前，中国关于环境与发展之间关系的认识，经历了曲折的探索过程。①

一、传统发展观及其后果

（一）社会主义也有环境问题

　　新中国成立后很长一段时间，受经典教科书影响，加上工业化水平低下，工业污染还未普遍出现，人们认为只有资本主义才有环境问题，社会主义不存在环境污染问题，环境问题也就未引起人们足够重视。作为一个生产力落后的农业国家，当时的主要任务是"抓革命、促生产"，如何快速提高生产力，在"一穷二

---

① 张永生：《生态文明建设和体制改革》，谢伏瞻主编，蔡昉副主编：《中国改革开放：实践历程与理论探索》，中国社会科学出版社2021年版，第420—445页。

白"的基础上，加快进行社会主义建设。同生态环境保护相关的工作，主要是围绕节约资源、爱国卫生、水土保持、植树造林、兴修水利、防灾减灾等进行。这些"保护环境"的活动，都直接或间接地带来促进农业生产、减少灾害和医疗损失等相关好处，但远未上升到从理念上"保护环境"的认识境界。

"大跃进"时期是新中国成立后生态环境第一次出现集中污染与破坏的时期。1957年，毛泽东在《关于正确处理人民内部矛盾的问题》中提出"正确处理人民内部矛盾的问题，以便团结全国各族人民进行一场新的战争——向自然界开战，发展我们的经济，发展我们的文化"[①]。各地大炼钢铁，大办"五小工业"，建成了大量简陋的炼铁炉、炼钢炉、小炉窑、小电站、小水泥厂、农具修造厂。技术落后、污染密集的小企业数量迅速增加。在农业领域，为养活4亿人口，推行"以粮为纲"政策，全国范围内出现大量毁林、弃牧、填湖开荒种粮的现象。这些违背自然规律的活动，对生态环境产生了很大冲击。

在1972年中国派代表团参加在瑞典举行的联合国人类环境会议之前，中国接连发生严重环境污染事件，包括大连海湾、渤海湾、上海港口、南京港口出现较严重污染；官厅水库遭污染，威胁北京饮用水安全，等等。人们开始认真关注环境问题。参加联合国人类环境会议，也是世界各国政府第一次就全球环境保护战略召开的国际会议，对中国后来的环境政策影响深远。大会通过了《联合国人类环境会议宣言》，简称《人类环境宣言》，呼吁各国政府和人民为维护和改善人类环境、造福全体人民、造福后代而共同努力。

[①] 中共中央文献研究室主编：《建国以来重要文献选编（第十册）》，中央文献出版社1994年版，第67页。

　　1973年8月5日，国务院召开第一次全国环境保护会议。会上披露了中国鲜为人知的环境污染和生态破坏问题，包括一些主要河流和地下水污染、城市烟雾、工业污染、农业污染，以及森林、草原和珍稀野生动植物遭破坏的情况。由于会议披露的环境污染问题大大超出人们的认知，周恩来总理决定在人民大会堂召开有党、政、军、民、学各界代表出席的万人大会，让公众了解中国存在环境问题。①

　　在中国生态文明建设史上，参加联合国人类环境会议和召开第一次全国环境保护会议，具有启蒙和里程碑意义。中国开展环境保护方面的工作，大体上同国际同步，均始于1972年的联合国人类环境会议。此后，环境问题开始进入政府工作议程，国务院环境保护领导小组随之成立。第一次全国环保大会正式提出了"全面规划，合理布局，综合利用，化害为利，依靠群众，大家动手，保护环境，造福人民"的"32字方针"，是我国第一个关于环境保护的战略方针。②

　　虽然认识到社会主义也存在环境问题，但中国当时普遍相信，社会主义的优越性可以解决发展中出现的环境问题。这种信心，很大程度上来源于经典教科书关于环境问题的论述。资本主义无法解决经济危机和环境问题，是因为其社会化大生产与生产资料私有制之间的根本矛盾，而社会主义则可以通过公有制和计划手段解决环境问题。资本主义发展的直接驱动力，不是为了满足人们的需求或社会福祉，而是为了追逐利润和资本积累，故会

① 《环境史话：那些影响中国环境保护进程的重要会议》，来源于https://www.huanbao-world.com/a/zhengce/2018/0518/16543.html。

② 解振华：《中国改革开放40年生态环境保护的历史变革——从"三废"治理走向生态文明建设》，《中国环境管理》2019年第4期。

不重视环境破坏。①

改革开放后，中国的工作重点转入以经济建设为中心。很长一段时期，由于经济规模不大，中国的环境并没有受到真正严峻的考验。虽然第一次全国环保大会披露的中国环境问题超出很多人的认知，但当时生产力水平低下，中国生态环境总体状况并不差。大部分的环境污染仍然被认为是局部和偶发事件，不至于到失控的地步。

从当时很多重大政策的制定来看，当时的基本认识是，环境和发展是可以兼顾的。1987年10月，党的十三大提出雄心勃勃的经济发展"三步走"战略。显然，由于当时对工业化模式下环境与发展之间的矛盾并没有切身的经历，中国对环境保护仍然深具信心。具体表现为：

一方面，制定宏伟的经济"三步走"总体战略。为了规划中国现代化发展的蓝图，邓小平设想了著名的现代化发展"三步走"战略：第一步，从1981年到1990年，国民生产总值翻一番，实现温饱；第二步，从1991年到20世纪末，再翻一番，达到小康；第三步，到21世纪中叶，再翻两番，达到中等发达国家水平。党的十三大正式确定了这一战略。

另一方面，加大实施严格的环境保护政策。在1983年召开的全国第二次环保会议正式将环境保护确立为基本国策后，接下来又实施了严格的污染物总量控制政策。1996年7月召开的第四次全国环境保护会议，确定实施《污染物排放总量控制计划》和《跨世纪绿色工程规划》两大举措。1996年，在《国务院关于环

---

① 中国代表团团长在1972年联合国人类发展大会的发言，反映了当时中国政府对环境问题成因的基本看法："我们认为，当前，某些地区的公害之所以日益严重，成为突出的问题，主要是由于资本主义发展到帝国主义，特别是由于超级大国疯狂推行掠夺政策、侵略政策和战争政策造成的。"

境保护若干问题的决定》中，确定2000年要实现"一控双达标"的环保目标。"一控"指的是污染物总量控制，要求到2000年底，主要污染物的排放量控制在国家规定的排放总量指标内；"双达标"是指工业污染源排放污染物要达到国家和地方规定的污染物排放标准，重点城市的环境空气和地面水按功能分区分别达到国家规定的环境质量标准。

（二）传统发展范式的危机

随着改革开放成效日益显现，尤其1992年邓小平南方谈话和加入世界贸易组织（WTO）后，中国经济迅猛发展，并成为"世界工厂"，之前设定的污染物总量下降目标不仅无法实现，而且环境问题即使下再大力气也难以遏制。鉴于这些现实和西方工业化国家的发展经验，中国开始切身体会到环境与发展之间的两难。

——1992年后中国经济迅猛增长。1992年，邓小平到武昌、深圳、珠海、上海等地视察，并发表重要谈话，提出要抓紧有利时机，加快改革开放步伐，力争国民经济更好地上一个新台阶的要求，为中国走上中国特色社会主义市场经济发展道路奠定了思想基础。之后，全国掀起新一轮改革开放热潮。浦东新区、长三角经济发力，经济开发区、工业园区大量出现。根据国家统计局数据，1992—1995年，中国GDP增长率均超过10%，分别高达14.20%、13.50%、12.60%和10.50%。

——加入世贸组织开启中国经济增长新阶段。2001年12月11日，中国正式成为世贸组织成员。2009年，中国由2001年的世界第六大出口国跃居世界第一大出口国。中国的经济规模先后超过英国、法国、德国、日本，2009年后成为世界第二大经济体。在出口猛增的同时，2001—2017年中国货物贸易进口额年均增长13.5%，高出全球平均水平6.9个百分点，已成为全球第二大进口国。

——生态环境问题大量涌现。生态破坏、水土流失、荒漠化等生态环境问题暴发，例如北京地区沙尘暴、黄河断流、长江特大洪水，等等。正如学者指出，"1978年12月中央批准了五年控制、十年基本解决环境问题的计划。当时大家雄心勃勃，可是污染发展也很快，对环境问题严重性了解不够，对困难估计不足，导致计划落空。1996年提出'一控双达标'，要求到2000年所有企业污染物排放达标，各地方按功能区达标，过于超前，也未能实现"[①]。

（三）环境与发展关系的认识论演变

虽然中国政府从来没有明确提出过走"先污染、后治理"的发展道路，但随着20世纪90年代经济全面加速带来环境问题的日益加剧，以及国际学术界、政策界关于"发展与环境难以兼得"（所谓环境库兹涅茨倒U形曲线）的认识，中国开始认识到，经济发展成熟之前，很难避免环境问题。这种认识论的微妙变化，反映在国内和国际两方面的政策上。

在国内，环境政策目标发生变化。五年计划中，一些污染物排放总量目标不降反升，或虽将污染物强度下降设为约束性指标，但排放总量目标却上升。中国"十五"计划（2001—2005）的主要目标中，二氧化硫总量控制目标不降反升。"十一五"期间（2006—2010），节能减排的强度成为约束性指标，要求单位GDP能源强度下降；"十二五"规划（2011—2015）进一步纳入

---

① 王玉庆：《中国环境保护政策的历史变迁》，《中国环境战略与政策》2018年第4期。

能耗强度、碳排放强度、资源产出率等指标。强度约束指标意味着，生产一单位 GDP 消耗的能源、排放和资源会降低，但由于 GDP 总量扩大，能耗、排放和资源消耗的总量仍然会继续上升。

在国际上，强调发展中国家的发展权，为碳排放增长提供正当性，以争取发展空间。在气候变化谈判中，强调发达国家对全球环境破坏负有主要责任，同时也强调经济发展是发展中国家的首要任务，减排不能影响其发展。这里面也隐含一个认识前提，即发展必然会牺牲环境，二者不可兼得。

随着经济迅猛增长带来环境问题不断恶化，中国对环境问题的认识也在不断提升。2002 年，党的十六大从经济、政治、文化、可持续发展四个方面，界定了全面建设小康社会的具体内容，其中特别包含了可持续发展能力的要求。2003 年，党的十六届三中全会提出了全面、协调、可持续的科学发展观；2006 年，党的十六届六中全会提出了构建和谐社会、建设资源节约型社会和环境友好型社会的概念。

2007 年，党的十七大报告首次正式提出生态文明概念，将其作为全面建设小康社会的新要求之一："基本形成节约能源资源和保护生态环境的产业结构、增长方式、消费方式……生态文明观念在全社会牢固树立。"[①]这意味着，虽然经济发展带来了严重的生态环境问题，但只要坚持科学发展，环境问题同经济发展是可以兼得的。这是中国关于环境与发展认识论的一大进步。

重大现实危机背后，往往孕育着重大的理论突破。环境和发展之间的矛盾长期得不到解决，背后必有重大的理论问题需要解决。中国和全世界范围环境危机的根源，乃是工业革命后建立的

---

① 胡锦涛：《高举中国特色社会主义伟大旗帜　为夺取全面建设小康社会新胜利而奋斗——在中国共产党第十七次全国代表大会上的报告》，《求是》2007 年第 21 期。

传统工业化模式的内在局限。但是，现有发展理念、发展模式以及相应的体制机制，均是在工业时代建立并为其服务的。彻底解决环境问题，不仅需要从根本上建立新的发展理念和发展模式，也有赖于系统全面的深层体制改革。

党的十八大前，关于环境与发展的关系问题，中国在认识论上经过了几个阶段的不断深化：从最早认为社会主义国家没有环境问题，到后来发现社会主义也有环境问题，但认为社会主义的优越性可以解决环境问题。在经历了经济高速发展带来的环境恶化后，认识到传统发展模式同环境难以两全的事实。为了解决传统发展模式带来的严重生态环境问题，党的十七大提出生态文明概念，强调以"全面协调可持续"的科学发展观实现环境与发展的兼容。这是认识论上的巨大进步，为之后新发展理念的提出和生态文明内涵的丰富奠定了坚实的基础。

二、党的十八大后发展理念的革命

（一）新发展理念的提出

党的十八大后，中国关于环境与发展关系的认识，从之前的相互兼容，进一步提升到二者可以相互促进。认识论的重大提升，带来行动上的重大变化。在环境与发展方面，不仅生态文明概念被赋予新的内涵，而且生态文明作为"五位一体"总布局的重要内容，被提到前所未有的高度。中国环境保护力度空前加大，并在环境和发展两方面都取得显著成效。基于这些认识和实践，习近平生态文明思想逐渐形成。

2015年10月，习近平总书记在党的十八届五中全会上提出了创新、协调、绿色、开放、共享的新发展理念。绿色发展成为新发展理念的核心内容。生态文明新内涵的核心，就是"绿水青山就是金山银山"。这意味着，发展背后的价值观念发生了重大转变，不再过于强调以物质财富为核心内容的GDP。对环境保护和经济发展之间关系的认识，也从过去的对立转变为相互协同和相互促进。随着发展观念或价值观念的改变，良好的自然生态环境本身亦成为发展必不可少的内容。

党的十九大提出中国社会主要矛盾发生转变的论断，即"人民群众日益增长的对美好生活的需要与不平衡不充分发展之间的矛盾"，进一步推动了人们发展观念或价值观念的转变。发展的根本目的是让人们过上美好生活，而什么是"美好生活"，则很大程度上取决于价值观念和文化传统。由于良好的自然生态环境是"美好生活"的重要内容，是人民群众最普惠的民生需求，当然也应成为发展的重要内容。此外，基于良好的生态环境，还可以催生大量市场化新兴服务经济。这意味着，保护生态环境不仅可以提高人民福祉，也会成为经济增长新的重要来源。在绿色发展模式下，增长和保护就会相互促进。

（二）发展理念革命带来行动的重大转变

认识论转变带来的最显著政策变化，就是政府不再像过去那样顾虑加大环境保护会影响经济发展，环境目标从强度控制部分地回归到总量控制目标。之前为了发展，政府更多地强调控制环境强度目标。正是有了新的发展理念，中国政府走出了过去对环境保护可能影响经济增长的顾虑，进而采取了大胆的环保和应对气候变化行动。

以应对气候变化和促进低碳发展为例。最初中国的减排行动，很大程度缘于应对气候变化的国际压力；现在，中国的绿色发展更多的是基于自身转型发展的内在动力，因为传统发展模式已不可行，而新的绿色发展机遇已被认识，且正在大量出现。[①②]

在2009年哥本哈根气候变化大会上，中国宣布了2020年碳排放强度在2005年基础上下降40%—45%的目标。在"十一五""十二五"时期，能耗强度、碳排放强度分别设定为下降20%、17%。在2015年中国向联合国提交的国家自主贡献承诺中，2030年碳强度在2005年基础上进一步下降60%—65%。2020年9月22日，习近平主席在第75届联合国大会上承诺，中国力争在2030年前二氧化碳排放达到峰值，努力争取在2060年前实现碳中和。这一承诺体现了中国的大国担当，也是中国开启全面建设社会主义现代化国家新征程的重大战略机遇。

自"十二五"规划开始，中国实行了能源消耗总量控制目标，以控制碳排放。同时，由于煤炭是空气污染的重要来源，在国务院制定的《大气污染防治行动计划》中，采取前所未有的措施削减煤炭消费总量。在一些空气污染严重的地区（京津冀、长三角、珠三角等地区），煤炭消费必须绝对下降。在党的二十大报告中，强调完善能源消耗总量和强度调控，重点控制化石能源消费，逐步转向碳排放总量和强度"双控"制度。

特别要指出，中国环境总量控制目标的回归，不同于发达国家的污染物控制总量和温室气体排放量绝对下降的概念。发达国家是在传统工业化达到排放峰值后（通过全球产业转移）实现绝

---

① 世界银行、国务院发展研究中心联合课题组：《2030年的中国：建设现代、和谐、有创造力的社会》，中国财政经济出版社2012年版，第44—51页。

② "中国绿色转型2020-2050"课题组：《绿色发展新时代——中国绿色转型2050》，来源于 http://www.cciced.net/zcyj/yjbg/zcyjbg/2017/201801/P020180124359320301783.pdf。

对量下降，而中国虽然也有发展水平提高到新阶段的因素，但更重要的是因为发展理念的转变，不再担心严格治理污染会影响发展。

中国严厉的环保行动，并没有像一些人担心的那样影响经济发展。在党的十八大以来的十年间，我国"生态环境保护发生历史性、转折性、全局性变化"的同时，经济也迈上一个大台阶。

（三）大刀阔斧"向污染宣战"

随着认识论的重大转变，中国开始大刀阔斧"向污染宣战"。一直以来关于治理污染会影响经济发展的顾虑，很大程度上被消除。党的十八大之后，中央和地方采取了前所未有的环境治理和生态修复行动，包括污染防治攻坚战、水环境治理、土壤治理、农业面源污染治理、长江大保护、黄河流域大保护、生态红线、国家公园、清洁能源、节能减排等等。

尤其是，党的十九大将污染防治同防范化解重大风险、精准脱贫一起，作为全面建成小康社会的三大攻坚战。2018年6月24日，党中央、国务院发布《关于全面加强生态环境保护　坚决打好污染防治攻坚战的意见》，明确要求着力解决一批民众反映强烈的突出生态环境问题，打好蓝天、碧水、净土三大保卫战和长江经济带污染防治等七大标志性战役。

该《意见》以2020年为时间节点，兼顾2035年和本世纪中叶，制定了污染防治攻坚战和生态环境保护的具体目标。

——到2020年，生态环境质量总体改善，主要污染物排放总量大幅减少，环境风险得到有效管控，生态环境保护水平同全面建成小康社会目标相适应。

——到 2035 年节约资源和保护生态环境的空间格局、产业结构、生产方式、生活方式总体形成，生态环境质量实现根本好转，美丽中国目标基本实现。

——到本世纪中叶，生态文明全面提升，实现生态环境领域国家治理体系和治理能力现代化。

"向污染宣战"收到了很大的成效，不仅改变了人们的发展观念，让人们看到了政府保护环境的坚定决心，生态环境质量也得到明显改善。

三、绿水青山如何成为金山银山

（一）"人不负青山，青山定不负人"

随着认识的不断深化和生态文明实践的成功探索，习近平生态文明思想的形成也就水到渠成。在 2018 年 5 月 18 日的第八次全国生态环境保护大会上，习近平总书记做了《推动我国生态文明建设迈上新台阶》的报告，标志着习近平生态文明思想正式确立。这一思想的精髓，就是"绿水青山就是金山银山"，以及"人与自然和谐共生"。其中，"绿水青山就是金山银山"的理念，是习近平总书记 2005 年 8 月 15 日在浙江省委书记任上考察浙江安吉时首次提出，后来他又进一步阐述了绿水青山与金山银山之间三个发展阶段的问题。

具体而言，生态文明思想集中体现为"生态兴则文明兴"的深邃历史观、"人与自然和谐共生"的科学自然观、"绿水青山就是金山银山"的绿色发展观、"良好生态环境是最普惠的民生福祉"的基本民生观、"山水林田湖草是一个生命共同体"的整体系统观、"实行最严格生态环境保护制度"的严密法治观、"共同建设美丽中国"的全民行动观、"共谋全球生态文明建设之路"的共赢全球观。生态文明建设的五大体系,包括生态文化体系、生态经济体系、目标责任体系、生态文明制度体系、生态安全体系。

其中,"人与自然"和谐共生,反映了新的现代化观念。在党的十九大报告中,习近平总书记从生态文明的高度,对中国要建立的现代化进行了不同于西方现代化标准的定义:"我们要建设的现代化是人与自然和谐共生的现代化,既要创造更多物质财富和精神财富以满足人民日益增长的美好生活需要,也要提供更多优质生态产品以满足人民日益增长的优美生态环境需要。必须坚持节约优先、保护优先、自然恢复为主的方针,形成节约资源和保护环境的空间格局、产业结构、生产方式、生活方式,还自然以宁静、和谐、美丽。"[①]

党的二十大进一步提出,"从现在起,中国共产党的中心任务就是团结带领全国各族人民全面建成社会主义现代化强国、实现第二个百年奋斗目标,以中国式现代化全面推进中华民族伟大复兴"[②]。这意味着,如果说过去中国更多的是以不同于西方的道路实现现代化,那么今后中国式现代化的内容,也将大不同于今日欧美在传统工业时代形成的发展内容。

---

① 习近平:《决胜全面建成小康社会 夺取新时代中国特色社会主义伟大胜利——在中国共产党第十九次全国代表大会上的报告》,人民出版社2017年版,第50页。

② 习近平:《高举中国特色社会主义伟大旗帜 为全面建设社会主义现代化国家而团结奋斗——在中国共产党第二十次全国代表大会上的报告》,人民出版社2022年版,第21页。

（二）从绿色负担论到绿色机遇论

生态文明思想的一个核心内涵，是"绿水青山就是金山银山"。它意味着，绿色转型代表发展的机遇，而不是过去被认为的负担。这一新认识的系列战略举措，推动了中国绿色生产方式和绿色生活方式的形成。

由于传统工业化模式下环境和发展之间的对立关系，长期以来绿色发展都被视为一个负担，良好的生态环境被认为是只有在经济发展到一定阶段后才能负担得起的奢侈品。因此，环境库兹涅茨倒U形曲线，或"先发展（或先污染）、后治理"模式，被作为一个发展规律广泛接受，治理污染则被视为一个负担。

但是，一旦从传统工业时代的狭隘经济视野，转变到"人与自然"更宏大的生态文明视野，将传统工业化模式下的外部成本、隐性成本、长期成本、机会成本，以及对大自然的危害等考虑在内，则原先被认为是低成本、高收益的经济活动，可能就变为高成本、低收益；反之亦然。如果进一步考虑生态环境破坏带来的非货币化的健康和福利损失，则传统工业化模式的代价就更加高昂。

理解绿色发展的机遇，需要新的思维和愿景。国家领导人的发展理念和远见卓识，就成为认识并抓住绿色发展机遇的关键。继2005年8月15日在安吉提出"绿水青山就是金山银山"后，2006年，习近平同志在实践中又进一步深化"两山论"，深刻阐述了"两山"之间内在关系的三个阶段，明确提出生态优势可以转变成经济优势，即保护生态环境同经济发展可以成为一种相互促进关系。

第一个阶段，是用绿水青山去换金山银山，不考虑或者很少考虑环境的承载能力，一味索取资源。第二个阶段，是既要金山银山，但是也要保住绿水青山，这时候经济发展和资源匮乏、环境恶化之间的矛盾开始凸显出来，人们意识到环境是我们生存发展的根本，要留得青山在，才能有柴烧。第三个阶段，是认识到绿水青山可以源源不断地带来金山银山，绿水青山本身就是金山银山，我们种的常青树就是摇钱树，生态优势变成经济优势，形成了浑然一体、和谐统一的关系。这一阶段是一种更高的境界。

1.绿色经济快速兴起

习近平总书记在2018年全国生态环境保护大会上指出，加快形成绿色发展方式，是解决污染问题的根本之策。绿色生产"重点是调结构、优布局、强产业、全链条"[①]。"培育壮大节能环保产业、清洁生产产业、清洁能源产业，发展高效农业、先进制造业、现代服务业。推进资源全面节约和循环利用，实现生产系统和生活系统循环链接。"[②]在2023年7月召开的全国生态环境保护大会上，习近平总书记提出，"要加快推动发展方式绿色低碳转型，坚持把绿色低碳发展作为解决生态环境问题的治本之策，加快形成绿色生产方式和生活方式，厚植高质量发展的绿色底色"[③]。

难能可贵的是，中国不仅有绿色发展的新理念和优势，而且有决心将这种优势转化成实实在在的行动。中国政府确立了战略性新兴产业，包括节能环保、新兴信息产业、生物产业、新能源、新能源汽车、高端装备制造业和新材料等，本质上均具有绿色技术高附加值的特征。这些领域的增长，将大幅提高中国经济

---

① 习近平：《论坚持人与自然和谐共生》，中央文献出版社2022年版，第15—16页。

② 习近平：《论坚持人与自然和谐共生》，中央文献出版社2022年版，第16页。

③ 《习近平在全国生态环境保护大会上强调　全面推进美丽中国建设　加快推进人与自然和谐共生的现代化》，《人民日报》2023年7月19日。

的竞争力。

在新能源方面，中国已具全球竞争优势。中国光伏产业为全球市场供应了60%以上的硅料、90%以上的硅片、89%左右的电池片、70%以上的组件。同时，我国也是世界上最大的风机制造国，产量占全球一半。全球前15大风机厂商排名中，中国占10家。根据国家能源局数据，2022年，全国风电、光伏发电新增装机达到1.25亿千瓦。全年可再生能源新增装机1.52亿千瓦，占全国新增发电装机的76.2%。2022年，我国风电、光伏发电量突破1万亿千瓦时，达到1.19万亿千瓦时，较上年增长21%。

在新能源汽车方面，中国同样有较大优势。2020年、2021年和2022年，中国新能源汽车占全球销量分别为41%、53%和63%。在全球20大新能源汽车厂家中，中国占12家，德国3家，美国2家。根据海关总署的数据，2023年第一季度，中国汽车出口量超过日本，跃居世界首位，成为世界最大的汽车生产国、消费国、出口国。前7个月，中国出口汽车277.8万辆，同比增加74.1%，出口价值增长118.5%。其中，新能源汽车出口占比25%，同比增长2.6倍。

中国绿色发展有很多独特的优势。首先是领导人对绿色发展的愿景和政治共识、快速有效的政府决策体系，以及强大的政府执行力。其次是庞大的国内市场。中国作为世界上第二大经济体和单一市场，为绿色技术的研发和绿色产品的生产与消费提供了市场条件。第三是后发优势。由于中国还没有实现现代化，其转型成本相对较低，可以实现换道超车。比如，中国的新能源、智能电动车的生产和研发，已经是世界领先水平。第四是传统部门的技术改造空间巨大。第五是新能源资源禀赋。中国拥有较丰富的风能、太阳能、沼气等资源。第六是中国强大的制造能力。无论绿色技术是否在中国发明，都可以在中国生产、应用和销售。这样，中国的绿色发展就成为全球的机遇。

2.绿色生活方式新风尚

"绿水青山"转化为"金山银山"，一个重要前提是新的绿色生活方式。目前全球普遍接受的关于"美好生活"的概念，很大程度上是传统工业时代的产物，是以发达工业化国家生活方式为默认标准。这种"美好生活"方式，虽然大幅提高了物质生活水平，但却不可持续，还出现很多所谓的现代社会病。以美国为例，其人口占全球5%，但却消耗全世界20%的能源，消费全球15%的肉类，产生全球40%的垃圾。全球生态足迹网络（https://www.footprintnetwork.org）做过测算，如果地球上每个人都像美国人那样生活，则需要5个地球才能满足。

随着环境污染问题日益渗入百姓的日常生活，公众的生活方式开始明显改变。党的十九大报告指出，中国社会主要矛盾，已经转化为"人民日益增长的美好生活需要和不平衡不充分的发展之间的矛盾"。发展的根本目的，是过上"美好生活"。不同的"美好生活"概念，对应着不同的发展内容和不同的资源概念。因此，"美好生活"概念是否崇尚过度物质消费，就直接决定发展的内容及是否可持续。

绿色生活方式背后，是新的价值理念。习近平总书记在党的十九大报告中指出，要提供更多优质生态产品，以满足人民日益增长的优美生态环境需要。在2018年全国生态环境保护大会的讲话中，他对绿色生活方式的理念和内容进一步做了生动阐释。"绿色生活方式涉及老百姓的衣食住行。要倡导简约适度、绿色低碳的生活方式，反对奢侈浪费和不合理消费。""通过生活方式绿色革命，倒逼生产方式绿色转型。"[1] 2019年9月中央审议通过了《绿色生活创建行动总体方案》。该方案通过开展节约型机关、绿色家庭、绿色学校、绿色社区、绿色出行、绿色商场、绿色建筑等创建行动，广泛宣传推广简约适度、绿色低碳、文明健康的生活理念和生活方式。

在党的二十大报告中，习近平总书记强调，我们要加快发展方式绿色转型，实施全面节约战略，发展绿色低碳产业，倡导绿色消费，推动形成绿色低碳的生产方式和生活方式。

（三）重塑中国经济体系

1. 制造业

制造业是传统工业化模式的基础。制造业既是中国高速发展的主要驱动力，也是中国环境问题的一个主要成因。根据国家统计局，2022年中国制造业增加值为33.5万亿元，约占中国GDP的27%，占全球制造业比重近30%。由于工业能耗占全社会能耗约为70%，制造业碳排放约占全社会45%，只有制造业能耗强度大幅降低，同时非化石能源更快发展，才能够保证碳中和目标的实现。因此，不仅钢铁、建材、有色金属、石油和化工等传统高耗能行业需要低碳节能，而且新能源装备、新能源汽车等新兴绿色制造行业也必须大幅降低能耗强度。制造业绿色转型为中国制造业带来新的机遇。比如，在新能源方面，中国已具全球竞争优势。中国的光伏、风机等新能源装备产量占全球一半。根据工业和信息化部数据，2022年中国新能源汽车产销分别为705.8万辆和688.7万辆，连续8年保持全球第一，同比分别增长96.9%和93.4%，其中，新能源汽车出口达到近70万

---

[1] 习近平：《论坚持人与自然和谐共生》，中央文献出版社2022年版，第11页。

辆，同比增长 1.2 倍。

但是，全球碳中和背景下制造业绿色转型的方向，不只是一个简单的能源替代和技术升级问题，更是制造业价值创造方向和生产组织方式两个方向的深刻转型。在产品价值上，制造业将从大规模流水线生产同质化产品，转向满足消费者多样化、个性化需求；同时，物质资源投入在产品价值中的贡献比重不断降低，知识、设计、体验、生态环境、文化等无形投入的贡献比重不断提升。在生产组织方式上，随着工业 4.0、工业互联网等的兴起，分布式的工业组织方式将变得普遍。

2.服务业

现有服务业，从内容到组织模式，很大程度上都是传统工业时代的产物。服务业很大程度上是为传统工业生产服务，而传统工业生产又是环境问题的重要来源。如果整体经济发展的内容和方式不转型，则服务业扩张往往带来更多的传统工业产品和物质资源消费，并不一定带来整体经济的绿色转型。在数字时代和绿色发展理念下，发展内容的变化更多地体现为新兴服务业，故新兴服务业在规模和广度上将有更大的发展空间。

3.农业

中国农业取得的巨大成就表现在很多方面，但可以用一句话简单归纳：中国用世界 9% 的耕地和 6% 的淡水资源，养活了世界近 20% 的人口。农业的现代化改造体现为两个方面：一是农业生产的内容，从过去生产植物性产品为主，到直接或间接地生产动物性产品为主；二是农业生产的方式，从传统的多样化生态农业转变到单一生产的工业化、化学农业。这种转变虽然提高了单一作物的产量，但却带来了土地利用方式的转变，形成了"农业—饮食—健康—环境"之间的恶性循环。由于严重依赖化肥、农药、除草剂、激素、抗生素，农业生产造成严峻的湖泊、河流、地下水和土壤污染，生物多样性破坏以及突出的食品安全问题。同时，现代饮食结构也带来大量的所谓"富贵病"。显然，传统农业发展方式不可持续。农业在生产内容和生产方式上均需进行绿色转型。

4.绿色城镇化

1978年，中国城镇化率只有17.9%，属于典型的农业经济。2022年则提高到65.22%。与此同时，70%以上的碳排放和环境污染，也发生在城市。不同的发展内容和技术条件，对经济发展的空间含义亦不同。在农业时代、工业时代，到现在互联网条件下的绿色发展时代，由于发展理念和发展内容发生深刻变化，经济发展的空间含义正发生实质性变化。思考城镇化问题，必须跳出传统工业时代关于城镇化的思维框架。

中国城镇化面临着三大任务：一是新增城镇人口如何以绿色方式实现城镇化。预计未来中国城镇化还有10个百分点左右的增长空间。二是现有城镇如何实现绿色转型。三是在城镇化的过程中，乡村如何以绿色方式实现振兴。就正如我们无法用农业时代的思维来理解工业时代的城镇化现象一样，我们也无法用传统工业时代的发展思维，来推进数字时代和绿色发展时代的城镇化模式。

在碳中和背景下，绿色城镇化转型的战略方向，是从GDP导向的城镇化转向以人民福祉为中心的城镇化。中国应集中"三大任务"板块，以城市群和县域城镇化作为两个战略重点，推动新型城镇化。尤其是，利用互联网等技术优势，将集中式与分布式生产的好处最大化，塑造中国新的经济地理格局和城镇化格局。

5.空间经济

中国现有空间格局，主要是在传统工业化模式基础上形成。由于这种模式以物质财富生产和消费的最大化为目标，经济资源的最优配置往往同生态环境资源的优化配置出现背离。这种背离，不仅加大了经济的外部成本，也导致人与自然关系的破坏。因此，必须在生态文明新的视野下，对经济资源和生态环境资源进行重新配置。

随着人类社会进入移动互联和生态文明时代，经济活动的空间含义亦随之发生深刻变化。这意味着，虽然自然地理意义上的空间差异会长期存在，但经济地理意义上的空间发展差距，却有可能在更大的空间和时间范围突破所谓"胡焕庸线"[①]，从而为西部地区在数字时代以生态文明新发展范式走新的发展道路提供了可能。

具体而言，改变这种区域经济空间格局的，正是绿色城镇化。"绿色"和"城镇化"的结合，就有着特别的意义。其中，"城镇化"可以通过重塑人口和经济活动的空间格局来促进经济发展；"绿色"是满足新的"美好生活"需求的新增长点，其对应的新的绿色资源概念同生态环境和文化等密切相关，而这些又正是所谓落后地区的优势禀赋所在。因此，在"绿色发展"的视角下，区域经济的禀赋概念会被重新定义。这会给在工业时代缺乏发展优势的落后地区带来新的机遇。

[①] 1935年，地理学家胡焕庸在论文《中国人口之分布》中提出"瑷珲（今黑河）—腾冲一线"，发现此线以西人口约为中国总人口的6%，此线以东人口约为中国总人口的94%。这条线后来被学界称为"胡焕庸线"。1935年以来，中国人口分布格局基本不变。

第四章

生态文明制度建设
与基本经验

党的十八大以来，在习近平生态文明思想指导下，中国生态文明建设取得历史性、转折性、全局性变化。党的二十大提出了以中国式现代化全面推进中华民族伟大复兴的中心任务。作为中国式现代化重要内容的生态文明建设由此开启新的篇章。人类社会经历了原始文明、农业文明和工业文明，现在正进入生态文明新阶段。这种文明形态的转换，根本原因在于传统工业文明遇到不可持续发展的全球性危机。工业革命后，生产力飞跃发展使得物质财富快速增长，前所未有地推动了人类文明的进步。由于工业文明建立在"高物质资源消耗、高碳排放、高生态环境破坏"的基础之上，经济发展不可避免地带来了全球不可持续的危机。解决这些危机，必须超越传统工业文明，转向生态文明新形态。习近平生态文明思想是中国共产党艰辛探索可持续现代化实践和汲取五千年文化智慧的产物。如果说工业文明是发达国家引领世界的重大机遇，那么生态文明则是中国实现人与自然和谐共生的现代化，并引领世界永续繁荣的历史机遇。①

党的二十大报告指出，十八大以来，我国生态环境保护发生历史性、转折性、全局性变化，我们的祖国天更蓝、山更绿、水更清。2023年7月17—18日，全国生态环境保护大会在北京召开，习近平总书记发表重要讲话，强调"党的十八大以来，我们把生态文明建设作为关系中华民族永续发展的根本大计，开展了一系列开创性工作，决心之大、力度之大、成效之大前所未有，生态文明建设从理论到实践都发生了历史性、转折性、全局性变化，美丽中国建设迈出重大步伐"②。

---

① 张永生：《引领永续繁荣的人类文明新形态：党的十八大以来中国生态文明建设的伟大成就及其世界性意义》，《国外社会科学》2022年第12期。
② 《习近平在全国生态环境保护大会上强调　全面推进美丽中国建设　加快推进人与自然和谐共生的现代化》，《人民日报》2023年7月19日。

一、生态文明制度建设的重大突破

（一）制度建设的"四梁八柱"

为实现"五位一体"总体布局的战略目标，中国不仅大刀阔斧推动生态文明体制改革和法治建设，建立生态文明制度的"四梁八柱"，更将生态文明建设写入党章和宪法，为其奠定了无可撼动的法律地位。

1.里程碑式的体制改革

生态文明目标能否自我实现，有赖于相应体制机制的建立。实现生态文明建设目标，就必须让众多利益相关主体，包括政府、企业、个人、社会组织、学校等都有内在激励。习近平总书记强调，要深化生态文明体制改革，尽快把生态文明制度的"四梁八柱"建立起来，把生态文明建设纳入制度化、法治化轨道，用最严格的制度、最严密的法治，为生态文明建设提供保障。

由于现有发展方式和体制机制很大程度是在传统工业时代形成并为其服务的，尽管认识论（头脑）上有了重大转变，但发展内容和运行机制（身体）很大程度还停留在传统工业时代，不适应生态文明的内在要求。作为一种新的文明形态，生态文明对体制的要求，同工业文明对体制的要求有很多内在区别。因此，建立具有"自我实现"功能的生态文明体制机制，就成为生态文明能否得到贯彻落实面临的一个重大挑战。这不仅需要远见卓识，还需要大无畏的改革勇气。

2012年之后，是中国全面深化改革措施出台的高峰期，生态文明建设方面出台了一系列里程碑式的改革措施，主要包括：2012年，党的十八大将生态文明作为"五位一体"总体布局的重要部分；2014年以来，相继出台《关于加快推进生态文明建设的意见》《生态文明体制改革总体方案》等涉及生态文明建设的改革方案；党的十九大确立美丽中国战略，到2035年生态环境根本好转、美丽中国目标基本实现，到本世纪中叶，建成富强民主文明和谐美丽的社会主义现代化强国。

其中，《生态文明体制改革总体方案》提出的八项制度，构成生态文明体制建设的基本框架。方案明确了生态文明体制改革的任务书、路线图，为加快推进改革提供了重要遵循和行动指南。

在机构改革方面，2018年在环境保护部基础上组建生态环境部，标志着生态环保事业开启新征程，进入大生态监管时代，并在监管上实现"五个打通"，即打通地上和地下、岸上和水里、陆地和海洋、城市和农村、大气污染防治和气候变化应对。

2019年10月，生态文明制度建设迎来新的里程碑。党的十九届四中全会审议通过《中共中央关于坚持和完善中国特色社会主义制度、推进国家治理体系和治理能力现代化若干重大问题的决定》。其中，将"坚持和完善生态文明制度体系，促进人与自然和谐共生"，作为国家治理体系和治理能力中必须坚持的内容进行了具体规范，包括实行最严格的生态环境保护制度、全面建立资源高效利用制度、健全生态保护和修复制度、严明生态环境保护责任制度。

2.环境立法理念重大转变

随着新发展理念的贯彻和生态文明的推进，中国环境立法价值取向实现了从发展优先到保护优先的根本转变，相应的环境立法也按照这一新的价值取向加快完善。

2014年4月，按照新的理念完成《环境保护法》修订，首次明确了环境保护法的综合法地位和"保护优先"原则。该法被称为史上最严环保法，并首次将生态保护红线写入法律，在重点生态保护区、生态环境敏感区和脆弱区等区域，划定生态保护红线，实行严格保护。

2016年1月1日，被称为"史上最严"的新《大气污染防治法》正式施行。该法将排放总量控制和排污许可的范围扩展到全国。同时，全国碳排放权交易市场也加快建设，相关法规抓紧出台。2018年1月1日，新修订的《水污染防治法》和《环境保护税法》正式实施。2019年1月1日《中华人民共和国土壤污染防治法》正式施行。

2012年11月，党的十八大审议通过《中国共产党章程（修正案）》，把"中国共产党领导人民建设社会主义生态文明"写入党章。2017年10月，党的十九大修改党章，增加"增强绿水青山就是金山银山的意识"等生态文明相关内容。社会主义民主政治，最根本的是要坚持党的领导、人民当家作主和依法治国的有机统一。因此，作为执政党，将"生态文明"写入党章，就成为国家建设生态文明的重要保证。

2018年3月11日，十三届全国人民代表大会第一次会议通过《中华人民共和国宪法修正案》，生态文明正式写入国家根本法。修正案中将宪法序言第七自然段一处表述修改为："推动物质文明、政治文明、精神文明、社会文明、生态文明协调发展，把我国建设成为富强民主文明和谐美丽的社会主义现代化强国，实现中华民族伟大复兴。"至此，生态文明发展在中国具有了无可撼动的法律地位。

3.生态文明整体制度设计

党的十八大后，在习近平生态文明思想指导下，我国从宪法、党章、国家发展战略、国家治理体系和治理能力现代化、法律体系、体制机制等顶层设计上，建立了生态文明建设"四梁八柱"的总体制度框架。

第一，中国是世界上第一个同时以宪法、执政党党章、国家发展战略（"五位一体"总体布局）为生态文明建设提供法律保障的国家，也是保护环境决心最大的国家之一。党的十八大将生态文明建设纳入"五位一体"总体布局，将"生态文明"写入党章。党的十九大将"绿水青山就是金山银山"内容写入党章。2018年3月通过的宪法修正案，将生态文明写入宪法。

第二，生态文明制度成为国家治理体系和治理能力现代化的重要内容。党的十九届四中全会将"坚持和完善生态文明制度体系、促进人与自然和谐共生"作为国家治理体系和治理能力现代化必须坚持的内容进行了具体规范，包括实行最严格的生态环境保护制度、全面建立资源高效利用制度、健全生态保护和修复制度、严明生态环境保护责任制度。

第三，在实施层面建立了完备的体制和政策框架。中央全面深化改革领导小组审议通过50多项相关具体改革方案，包括《关于加快推进生态文明建设的意见》《生态文明体制改革总体方案》等纲领性文件。生态文明体制改革，主要是从自然资源资产管理、自然资源监管、生态环境保护三大领域进行制度改革与设计。总体而言，由自然资源产权制度、国土开发保护制度、空间规划体系、资源总量管理和节约制度、资源有偿使用和补偿制度、环境治理体系、环境治理和生态保护的市场体系、绩效考核和责任追究制度等8方面的制度、共85项改革成果，构成了生态文明治理体系。

第四，2020年，党中央深思熟虑作出"力争2030年前实现碳达峰、2060年前实现碳中和"的重大战略决策，将其纳入生态文明建设的整体布局。碳中和标志着工业革命后发展范式的深刻变化，关系到中华民族的伟大复兴和永续发展。中国以"1+N"政策体系确定了"双碳"目标的时间表、路线图和施工图。其中，"1"是指《中共中央、国务院关于完整准确全面贯彻新发展理念做好碳达峰碳中和工作的意见》，"N"是指《2030年前碳达峰行动方案》及各行业、各领域的"双碳"政策措施。

（二）制度创新的重大突破

第一，环境立法思想取得突破。2014年4月，新修订的《环境保护法》首次明确了环境保护法的综合法地位和"保护优先"原则。该法被称为史上最严环保法，并首次将生态保护红线写入法律，在重点生态保护区、生态环境敏感区和脆弱区等区域，划定生态保护红线，实行严格保护。

第二，在生态保护和修复制度、资源高效利用制度、生态环境治理体系改革等方面，均取得突破性进展。主要包括：自然资源资产产权制度、自然资源资产确权登记、自然生态空间用途管制改革，多规合一、红线划定、国家公园体制建设、部门机构改革，以及国家自然资源资产管理体制试点。

第三，生态环境治理体系和问责机制等改革取得突破。2018年组建生态环境部，改变了生态环境领域多年来"九龙治水"的局面。垂直管理体制改革和中央生态环保督察制度的施行，有效提高了行政效率。在目标责任体系和问责机制改革方面，构建以污染物总量减排、环境质量改善等具体指标为导向的目标考核体系及问责机制，包括中央生态环保督察制度、党政领导干部生态环境损害责任追究制度、领导干部自然资源资产离任审计制度等。

第四，建立了包括强制性和激励性、引导性的不同类型的制度。比如，生态保护红线制度、自然资源资产产权制度等强制性制度；资源税、环境税改革，推进生态补偿、用水权、用能权、排污权、林权、碳排放权的交易制度试点，则属于激励性和引导性制度。

第五，开展生态文明建设试点。包括：（1）综合类的生态文明试点。中办、国办设立国家生态文明试验区。国家发改委等六部委联合进行生态文明先行示范区建设。（2）各职能部门的专业类生态文明建设试点，包括环保部的"生态文明示范区""两山"基地，水利部的水生态文明、国家林业局的林业生态文明、海洋局的海洋生态文明建设试点等，国家公园体制改革试点，等等。（3）专业类生态文明建设试点相关方案，包括《编制自然资源资产负债表试点方案》《关于开展领导干部自然资源资产离任审计的试点方案》《生态环境损害赔偿制度改革试点方案》《建立国家公园体制试点方案》等。

（三）生态环境治理的重大成就

新发展理念带来新发展格局。党的十八大以来，由于不再认为并担心环境保护会影响经济增长，中国在环境保护上采取了力度空前的措施，使得环境保护和发展之间的关系发生了转折性变化，过去的相互冲突转变为相互促进的关系，"越保护、越发展"的格局正在形成。

生态环境保护取得历史性成就。一是水生态环境保护发生重大转折性变化。Ⅰ—Ⅲ类优良水体断面比例提升23.3个百分点，达到84.9%。长江干流连续两年全线达到Ⅱ类水质标准，黄河干流全线达到或优于Ⅲ类水体的标准。基本消除了295个地级及以上城市建成区的黑臭水体。二是空气质量发生了历史性变化。空气质量历史性达到世界卫生组织第一阶段过渡值。优良天数比率2021年达到87.5%，比2015年提高6.3个百分点。三是土壤环境质量发生基础性变化。四是海洋生态环境保护取得新成就。国控入海河流Ⅰ—Ⅲ类水质断面比例上升25个百分点，达到71.7%，劣Ⅴ类水质断面比例减少24个百分点，降到0.4%。全国近岸海域水质优良比例提升约17.6个百分点，达到81.3%。五是生态保护工作取得显著成效。有效保护了90%的陆地生态系统类型和74%的国家重点保护野生动植物种群。长江江豚等珍稀水生生物物种得到了初步恢复。森林面积增长了7.1%。六是全国单位GDP二氧化碳排放下降了34.4%，能耗强度累计下降26.2%，是全球下降最快的国家之一。非化石能源消费占比提高了6.9个百分点，达到16.6%，可再生能源发电装机增长2.1倍，突破10亿千瓦。风、光、水、生物质发电装机容量均稳居世界第一。[①]

经济又迈上一个大台阶。党的十八大以来这十年，中国国内生产总值年均增长6.6%，高于同期世界2.6%和发展中经济体3.7%的平均增长水平，中国占全球经济的比重从11%上升到18%以上，对世界经济增长的贡献始终保持在30%左右。2021年，中国人均GDP达80976元，扣除价格因素，比2012年增长69.7%，十年年均增长6.1%。尤其是，以新能源、新能源汽车为代表的新兴绿色经济快速成长，不仅成为中国经济增长新引擎，

---

① 参见《数读："中国这十年"生态环境保护成绩单》，来源于https://www.mee.gov.cn/ywdt/xwfb/202209/t20220915_994077.shtml。

而且在全球具有领先优势。中国光伏产业为全球市场供应了60%左右的多晶硅、90%以上的硅片、75%的电池片、73%的组件。同时，我国也是世界上最大的风机制造国，产量占全球一半。2021年中国可再生能源的投资占全球35%，占全球前十大投资国投资总和约一半。在新能源汽车方面，2020年和2021年，中国新能源汽车占全球销量分别为41%和53%。2021年，中国新能源汽车出口达到31万辆，同比增长304.6%。同年，新能源汽车销量达到352万辆，位居全球第一。①

在2023年7月17—18日召开的全国生态环境保护大会上，习近平总书记在讲话中强调，党的十八大以来，我们把生态文明建设作为关系中华民族永续发展的根本大计，开展了一系列开创性工作，决心之大、力度之大、成效之大前所未有，生态文明建设从理论到实践都发生了历史性、转折性、全局性变化，美丽中国建设迈出重大步伐。

二、生态文明建设的基本经验

（一）对传统工业化模式的超越

中国建设"人与自然和谐共生"的现代化，是对以西方发达社会为默认标准的现代化概念的反思和重构。西方现代化基于人类中心主义，将人凌驾于自然之上，一味地将大自然当作征服和攫取的对象，导致了"人与自然"之间关系的恶化，而这种恶化

---

① 参见《报告显示：近十年我国GDP年均增长6.6%　对世界经济增长平均贡献率超30%》，来源于http://www.news.cn/2022-09/18/c_1129012638.htm。

并非人类有限理性可以克服。生态文明则从"人与自然"更宏大视野，将人类经济活动当作大自然的一部分，通过敬畏、尊重和顺应自然来造福人类，是对传统价值观、发展理论和治理思路的超越。

超越西方工业社会的价值观。传统工业社会以物质财富的生产和消费为核心，强调物质消费至上的价值观，发展过程主要是将物质资源转化为财富。生态文明秉持"绿水青山就是金山银山"和"良好生态环境是最普惠的民生福祉"的理念，则强调人类保护大自然的行为也创造价值和增进人类福祉。这就大幅拓展了经济发展的来源，使经济增长有可能摆脱对物质资源的过度依赖，做到"越保护、越发展"。

超越西方长期奉为圭臬的经济发展理论。由于传统工业化模式建立在物质财富大规模生产和消费的基础之上，与之相应的发展理论认为经济发展与环境存在两难选择，将所谓环境库兹涅茨倒U形曲线（"先污染、后治理"）当作经济规律。在生态文明新发展范式下，由于发展理念、发展内容及其依赖的资源发生深刻转变，发展并不完全依赖物质资源投入，从而环境与发展之间就可以做到相互促进。

超越传统国际治理思路。在传统工业化模式下，由于环境与发展相互冲突，保护环境成为经济发展的负担，各国在全球环境治理上存在零和博弈，导致全球气候变化、联合国可持续发展目标等全球性目标均难以实现。在生态文明下，环境与发展从过去的相互冲突转变为相互促进的关系，就为同时实现这些目标提供了根本解决之道。

中国能够超越传统工业化模式，建设生态文明，得益于以下几方面因素。

第一，以习近平同志为核心的党中央在长期探索中国式现代化过程中形成的新发展理念和远见卓识，对于生态文明建设最为关键。绿色发展是发展范式的根本转变，没有现成的经验可循。此时，领导人对土地和人民的情怀、远见卓识、发展愿景、改革勇气和魄力，就起着决定性作用。

第二，以人民为中心的发展理念。发展的根本目的或初心是增进民众福祉，提升GDP只是发展的手段。良好的生态环境是最普惠的民生福祉，是"人民群众不断增长的美好生活需要"不可或缺的一部分。如果不以人民为中心，发展的目的和手段就会本末倒置。

第三，政府强大的执行能力和顶层设计能力。绿色转型是工业革命后最为广泛而深刻的系统性转变，面临前所未有的挑战，需要政府强有力的顶层设计和推动。中国政府强大的协调动员能力成为其独特的优势。目前，中国改革已从过去"摸着石头过河"的自下而上探索阶段，进入更加依靠顶层设计的阶段。

第四，有效的市场机制和地区竞争。"绿水青山"转化成"金山银山"，需要市场和政府同时发挥作用。很多基于良好生态环境和文化资源的新兴产品和服务，需要新的商业模式。中国具有大国优势，可以通过地区竞争充分发挥各地的创新精神，在不同地区进行各种不同的生态文明制度试验，然后将行之有效的地区试验上升为全国性政策。

第五，以国内、国际一致的逻辑，积极推进全球生态治理体系建设。生态文明建设具有两个"由内到外"的特点。一是内心对新发展理念和生态文明的认同外化为绿色行动；二是国内行动外化为国际行动。中国在联合国可持续发展目标、"双碳"承诺、绿色"一带一路"等方面的行动，均体现了两个"由内到外"。

（二）生态文明建设新的历史使命

党的十八大以来，中国生态文明建设在思想、理论、制度、实践等方面实现全面历史性突破。2020年，中国开启全面建设社会主义现代化国家新征程、向第二个百年奋斗目标进军。中国要建设的现代化，不是西方现代化的翻版，而是中国式现代化。其中，人与自然和谐共生是其中的重要特征。第二个百年目标的开启，又恰逢标志着传统工业时代落幕的全球碳中和共识与行动的开启。这意味着，在进入前所未有的新历史阶段后，中国生态文明建设面临新的历史使命和要求。

第一，中国作为最大的发展中国家，需要以新发展理念和新发展模式为世界树立典范。虽然中国经济增速因为发展阶段转换而放缓，但由于基数庞大，其规模扩张速度将远超人们想象。由于中国人口规模超过目前所有现代化国家的人口总和，中国的现代化将会彻底改变全球现代化人口的分布格局。因此，中国以何种方式实现现代化，就不只是中国的问题，也是世界性问题。中国以"人与自然和谐共生"的方式实现现代化，就为国与国之间的合作共赢创造了条件。

第二，制度的创新能力成为生态文明建设的关键。对包括发达国家和发展中国家在内的所有国家而言，生态文明、绿色发展均是新事物，需要艰辛探索和全球合作。如果说过去中国经济发展还可以向西方发达国家学习，现在生态文明建设则进入"无人区"，只能靠自己探索。中国在发展理念、政府执行能力、全国统一大市场、绿色技术创新、改革方法等方面，均有独特的优势。尤其是，从传统工业文明到生态文明的系统性转变，需要政府提供"转型协调"这种新的公共产品，而中国在此方面具有独特优势。

第三，中国要以前瞻性思维和使命感推动生态文明建设。如果说工业文明时代是西方发达国家为人类作出巨大贡献的机遇，那么生态文明时代就是中国为人类作出新的贡献的机遇。作为全球主要经济体之一，今后全球面临的问题，都会成为中国需要展现大国担当的问题。在过去，中国一直以发展中国家以及发达国家追赶者的身份和心态看待自身及其与世界的关系，随着中国的快速崛起，其必须做好成为世界引领者的前瞻性准备。

第四，面对世界百年未有之大变局，未来十年，是中国经济总量快速提升的关键时期，也将是世界格局重塑的最关键时期。如何实现可持续且具有全球普适性的中国式现代化，就是中国推动构建新的世界格局的关键。尤其是，中国如何通过帮助广大发展中国家走新的"人与自然和谐共生"的现代化之路，对未来世界格局和中国的全球角色就十分重要。

（三）生态文明建设有待加强的方面

在2023年7月的全国生态环境保护大会上，习近平总书记在充分肯定生态文明建设从理论到实践发生的历史性、转折性、全局性变化的同时，也深刻指出，"我国生态环境保护结构性、根源性、趋势性压力尚未根本缓解。我国经济社会发展已进入加快绿色化、低碳化的高质量发展阶段，生态文明建设仍然处于压力叠加、负重前行的关键期"[1]。解决这些"结构性、根源性、趋势性"问题，必须从根本上转变发展范式。

第一，还需进一步提高认识。生态文明是一种新的文明形

---

[1]《习近平在全国生态环境保护大会上强调 全面推进美丽中国建设 加快推进人与自然和谐共生的现代化》，《人民日报》2023年7月19日。

态，对生态文明的认识要避免停留在狭义的生态环境方面，不能将生态文明简单地等同于节能减排、污染治理、植树造林等，而应深刻领会习近平生态文明思想的深刻内涵。环境问题的背后，是发展方式的转变问题。解决生态环境问题，需要彻底改变生产方式和生活方式。

第二，生态文明目标的"自我实现"机制还需完善。政策目标的实现，取决于相关利益主体是否有相应的激励。由于现有发展理念、商业模式、基础设施、体制机制等很多都是在传统工业时代建立并为其服务的，生态文明这种前瞻性思想，需要有新的支撑体系。因此，要避免"新瓶装旧酒"，以生态文明之名，行传统工业化模式之实。

第三，"绿水青山"转化为"金山银山"还存在障碍。一是对为什么"绿水青山"就是"金山银山"还认识不充分。由于"绿水青山"提供的生态服务价值很多都是"用之不觉"的无形服务，其对工农业生产的重要作用未能被充分认识。同时，由于目前人们关于"美好生活"的概念很大程度上是在传统工业时代形成，改变观念需要一个过程。二是转化机制还需要探索。传统工业化模式主要是将有形的"物质资源"转化为"金山银山"，而生态文明不仅强调对物质资源"取之有度"，也将无形的"绿水青山"转化为"金山银山"，这就需要新的体制机制、发展内容、政策体系、商业模式等。

第四，生态文明理念还有待充分融入经济社会各方面，在各项重大战略和政策中亦有待充分体现。比如，生态文明不仅需要生产方式的改变，更需要消费方式和生活方式的改变，但主流宏观经济政策的核心，却往往不加区分地刺激消费、投资和出口，在经济处于下行时更是如此。生态文明并不是抑制消费和投资，而是改变生产和消费的内容，以让经济增长摆脱对高碳、高环境消耗产品的依赖。

第五，对"双碳"的含义以及背后巨大的机遇和挑战认识不够到位。全球碳中和意味着对工业革命后建立的传统发展范式全面而深刻的转变，意味着中国经济的基础将发生深刻变化，不只是能源、交通、建筑等直接同碳排放相关的部门会发生巨大变化，由此还会引发生产方式、消费方式、商业模式等的革命性变化。与此同时，由于社会心理、制度、商业等方面的准备不足，也会带来相应的转型风险。

总之，生态文明代表人类文明新形态，是人类社会走出传统工业文明不可持续危机、实现永续发展的历史方向。党的十八大以来，在习近平生态文明思想引领下，我国生态文明建设取得突破性进展。在新时代新征程中，我国生态文明建设面临新的历史使命。党的二十大提出了以中国式现代化全面推进中华民族伟大复兴的中心任务，开启了生态文明建设新的篇章。在国内层面，要全面推动人与自然和谐共生的现代化进程，并不断将我国生态文明的生动实践上升为中国式发展理论；在国际层面，要让中华民族的伟大复兴成为全球，尤其是广大发展中国家的发展机遇，同时努力构建生态文明的全球话语体系，让生态文明成为中国强大的软实力。

三、生态文明治理现代化

生态文明治理的根本目的，是通过建立有效的治理体系、提升治理能力，将传统工业化模式下环境与发展之间相互冲突的关系转变成相互促进的关系，以走出传统工业文明下的"现代化悖论"，实现人与自然和谐共生的现代化和中华民族的伟大复兴，并让中华民族的复兴成为世界的重大机遇，构建全球共享繁荣的人类命运共同体。

传统工业时代的生态环境治理思维，更多的是建立在环境保护与发展之间相互冲突的传统工业化发展范式和发展理论基础之上。不仅环境保护与发展之间存在两难关系，当代人与后代人之间在资源分配上，以及国与国之间在分担全球环境责任上，均存在两难关系。这样，传统工业时代的生态环境治理思路，更多的就只能是通过技术进步和提高治理效率来扩大两难冲突的折中空间，难以从根本上解决环境与发展的关系问题。

生态文明思维下的生态环境治理，则是通过新发展理念及相应约束条件的改变，促进发展范式的根本转变，形成环境保护与发展之间相互促进的关系，进而实现各国从环境负担分担转向机遇共享的共赢关系，以及实现当代人与后代人的共赢。由于目前各国的发展模式很大程度上都是建立在传统工业化模式基础之上，各国建立的生态环境治理体系和治理能力，很大程度上也是在传统工业时代的发展理念和经济发展模式下形成。因此，生态文明治理体系和治理能力的现代化，就是促进发展范式的转型。[①]

（一）何谓生态文明治理现代化

工业革命以后，以发达国家或工业化国家为代表建立的现代化，建立在传统工业化模式基础之上，很大程度上是以物质财富

---

① 张永生：《现代化悖论与生态文明现代化》，高培勇、张翼主编：《推进国家治理现代化研究》，中国社会科学出版社2021年版，第323—339页。

的生产和消费为中心，高度依赖物质资源和化石能源的投入，不可避免地导致环境和发展之间相互冲突的关系。这种现代化模式可以让世界上少数人口过上物质丰裕的生活，但是一旦这种模式扩大到全球范围，或者在一个更长的时间尺度上，就必然会带来发展不可持续的危机。这正是目前全球环境危机等问题的根源。目前全球流行的现代化概念，正是这种不可持续的现代化概念。后发国家对现代化的探索，更多的是将发达国家经济作为默认标准，主要集中在"如何实现发达国家那样的现代化"，而对"什么是现代化"则缺少深刻反思和质疑，而这种现代化模式恰恰又不可持续。

现有的所谓现代化国家，也没有实现"人与自然和谐共生"的现代化目标。比如，联合国可持续发展目标，针对的是所有国家，包括发达国家和发展中国家。这说明，SDG的17大类目标，发达国家也没有很好地实现。在碳排放方面，所有发达国家，都是高排放国家。如果减排目标无法实现，全球气候危机就无法解决，人与自然就无法和谐共生。在生物多样性方面，根据联合国2020年的评估报告，联合国生物多样性"爱知目标"没有一项完全实现，而中国是完成情况最好的国家之一。虽然发达国家的生产端看起来很"绿色"，但消费端的生态环境足迹就不是如此。如果只是将污染产业转移到其他国家，然后从其他国家进口高污染产品来消费，那么这种现代化模式就没有全球性意义。

中国的现代化目标，不是发达国家现代化的简单翻版，而是中国式的现代化。其中，"人与自然和谐共生"，是中国式现代化的重要特征之一。实现"人与自然和谐共生"的现代化，需要推进相应的生态文明治理体系和治理能力现代化来提供保证。但是，现在的生态环境治理体系和治理能力都是在传统工业时代环境与发展相互冲突的发展理念和发展模式下建立的，很难适应现在可持续发展条件下的国家治理体系和治理能力现代化的要求，迫切需要根据生态文明的内在要求，推进治理体系和治理能力现代化。

生态文明治理体系和治理能力现代化，就是建立环境与发展之间相互促进的关系，以实现可持续发展目标。具体表现在两个层面。

一是国内层面，将传统工业化模式下环境与发展之间相互冲突的关系，转变成相互促进的关系，以走出工业文明下的"现代化悖论"，实现"人与自然和谐共生"的现代化和中华民族的永续发展。

二是国际层面，以"人与自然和谐共生"的方式实现中国式现代化，就可以走出"现代化的悖论"。这样，中华民族的伟大复兴，就不只是中华民族的复兴，也是全世界的重大发展机遇，促进全球共享繁荣。如果实现绿色转型，则环境和发展就可以形成相互促进的关系，各国在国际环境治理上，就可以从过去的负担分担转变为机遇分享。

（二）生态文明治理的新坐标

在生态文明和工业文明的不同范式下，经济发展对环境、社会、文化等具有不同的含义。传统工业化模式的本质特征决定着经济发展与生态环境、社会和文化等在一定程度上相互冲突。一是在发展理念和内容上，传统工业化模式以物质财富的生产和消费为中心，建立在物质资源的大量消耗、碳排放、生态环境代价等基础之上。二是传统工业化模式下，经济活动对生态环境的影响未能充分考虑。而且，工业化的组织逻辑，更多的是依靠大规模和单一生产，而社会组织、文化和生态环境则更多地依靠多样性和共生效应。因此，经济发展同生态环境、文化、社会等之间就存在一定的内在冲突。

生态文明则不同，它是在新的发展理念和更宏大的人与自然关系视野下处理经济活动。具体而言，有两个本质不同。一是传统工业化模式更多的是关注"人与商品"之间的关系，而"人与商品"之间关系只是"人与自然"关系的一部分。如果只是从"人与商品"之间的狭隘视角考虑问题，就会忽略经济活动的外部成本、隐性成本、长期成本、机会成本和福祉成本，从而就会得出偏狭的结论和政策含义。二是价值理念的不同。传统工业化模式更多集中于物质产品的生产和消费，而生态文明则强调"绿水青山就是金山银山"的发展理念。

传统工业文明和生态文明发展模式的这两个本质区别，就意味着对成本、收益、福祉、最优化等概念的不同定义，从而生态环境、社会、文化等概念就有不同含义。在传统工业化模式下，经济发展同生态环境、社会、文化等方面就会是一种相互冲突关系；在生态文明绿色发展模式下，经济发展同生态环境、社会、文化等方面就有望形成相互促进的关系。

在传统工业化模式下，人们一直努力建立起有效的生态环境治理机制，解决环境与发展之间的冲突。但是，这种努力却并不太成功。这种努力主要体现在两个层面。

一是在环境保护层面进行努力。在20世纪中叶，传统工业化模式带来的生态环境危机引起广泛重视。1972年，联合国首次召开人类环境会议。会议通过了《联合国人类环境宣言》，呼吁各国政府和人民为维护和改善人类环境、造福后代而共同努力。

此后，环境与发展关系成为世界性议题。2015年9月25日，联合国可持续发展峰会在纽约总部召开，联合国193个成员国在峰会上正式通过17个可持续发展目标（SDGs）。这17大目标之所以长期得不到实现，并不是人们没有意识到这些目标的重要性，而是因为在传统工业化模式下，这些目标在一定程度上相互冲突。如果不彻底转变发展模式，就难以建立起17大目标之间相互促进的关系，SDGs目标的实现也就困难重重。在传统工业化模式的思维下，解决环境与发展之间两难冲突的思路，就更多地集中在环境容量、增长的极限或技术突破等方面。

二是在机制设计层面。现有关于生态环境治理的文献，大多集中在机制设计层面，未能跳出传统工业化模式的思维框架，对发展范式的根本转变关注不够。关于环境治理问题，最有影响的就是所谓"公地的悲剧"。一直以来，解决公地悲剧的思路通常有两个：其一是通过实现产权清晰或私有化避免公地悲剧；其二是通过国有化避免公地悲剧。但是，2009年诺贝尔经济学奖获得者奥斯特罗姆教授则指出，除了以上两条道路，还有第三条道路，即这些公共资源社区的成员会通过自我组织，形成一个有效的公共资源治理结构。

但是，仅仅在机制设计层面，还不足以从根本上解决不可持续问题。如果跳出传统工业化视角，从生态文明视角看所谓公地的悲剧或发展的陷阱，可能有三类发展陷阱需要解决。[①]

第一类是类似过度捕捞、过度放牧等标准类型的公地悲剧。1968年，英国学者哈丁在《科学》期刊上发表《公地的悲剧》。他在文章中举了一个例子，当草场对牧民免费开放时，牧民每增加一头牛的收益大于其成本。可当所有的牧民都这么想时，过度

---

① 张永生：《生态环境治理：从工业文明到生态文明视角》，*China Economist* 2022年第2期。

放牧就会使草场退化，导致草场不可持续，最终每个牧民收益都会减少。传统的解决办法，不是将草场私有化，就是将草场国有化。但是，奥斯特罗姆的研究显示，在很多社区，其成员总是有足够的智慧，通过沟通协商找到有效的防止草场退化的机制设计，并不一定非要私有化或国有化。

第二类发展陷阱是，虽然通过机制设计可以避免第一类悲剧，但在通过机制设计避免过度捕捞等悲剧的同时，却由于未能从根本上解决发展的问题，可能陷入一个更大的发展陷阱，即传统发展模式引发的更大的环境与发展冲突。比如，尽管一个湖泊可以通过有效的机制设计避免过度捕捞，但仅仅避免过度捕捞却不能带来进一步的"经济发展"，湖泊可能不得不走上"投肥养鱼"获取更高收益的高污染"发展"道路。或者，即使湖泊不用化学方式养殖，但是其周围的化学农业、工业却都是用传统工业化模式进行生产，也同样会对湖泊产生污染。此类发展陷阱，是由传统工业化模式的局限引起。

第三类发展陷阱就是，经济发展掉入传统工业化模式的陷阱中，难以从传统发展结构转型到一个新的更有竞争力的绿色发展结构。如果没有根本的发展模式转变，就会锁定在一个传统的结构，就很难获得转型的潜在好处。

因此，简单地呼吁保护环境或通过机制设计解决局部范围的环境问题，并不足以从根本上解决可持续发展问题。必须跳出传统工业化模式，在生态文明的视野下才能建立环境与发展之间相互促进的关系。

党的十八大后，中国在过去艰辛探索的基础上提出新发展理念，并将生态文明提到前所未有的高度，提出建设"人与自然和谐共生"的现代化，就为建立"环境与发展"之间相互促进关系指出了根本方向。

生态文明治理的基本思路，就是要建立环境与发展之间的相互促进关系。基于前面的分析，生态治理需要建立新的坐标系。首先是树立新的价值观念。"绿水青山就是金山银山"理念背后，实质是新的价值观念，即关于美好生活的重新定义；二是建立新的约束条件。人们过去更多的是在狭隘的经济视角下组织经济活动，对社会成本未充分考虑，现在则将这些约束条件纳入考虑。

这其中，政府要扮演关键的角色。人们通常指望用新技术解决不可持续问题。诚然，新技术是一个可持续发展的重要条件。技术可以降低单位产出的环境消耗强度，但降低强度同时又会导致生产总量的扩张，而总量扩张的环境后果，往往又会超过技术进步带来的好处。在市场竞争下，经济具有持续扩张的动力，但市场经济对这种扩张不仅没有相应的制衡机制，还有一种系统性力量促进这种扩张。这就需要政府转变职能，通过施加新的约束条件，在这里面扮演关键的角色。

一是对行业的资源环境强度进行限制，二是对资源环境总量进行限制。主要体现在对"两高一资"，即高耗能、高污染和资源性产品的限制。20世纪80年代起中国就开始强调的发展方式转型，更多的是强调技术进步、产业结构提升到"微笑曲线"的两端。现在强调的绿色转型则不是过去的概念，因为如果只是升级到产业"微笑曲线"的两端，就不可能实现全域范围的可持续目标。比如碳中和，将高排放产业转移到其他国家去，固然可以解决本国生产端的碳排放，但对解决全球的环境问题却无济于事。因此，从生产方式到消费方式均必须进行彻底的转型。

（三）重构环境与发展关系

建立生态文明治理体系，就是对环境与发展之间关系的重构，而这背后又涉及对一些根本问题的重新思考。其中一个重要方面，是对市场职能和政府职能的重新思考。目前关于市场和政府职能的定义，很大程度上是在过去传统工业时代建立并为之服务的。但是，传统工业化模式主要基于物质财富的生产和消费，是在非常狭隘的经济视野下思考问题，而人们的经济活动只是人和自然宏大关系的一部分。如果从这个狭隘的经济视野下定义人类行为的成本、收益、福祉和最优化，就会带来经济目标同社会目标、环境目标等目标之间的冲突。反过来，这又会影响经济目标，从而会陷入"高物质增长、高环境代价、低福祉"的困境。

传统工业时代的经济制度设计，很大程度上都不是在人与自然宏大的视野下进行，而是在狭隘的经济视野下进行。比如，作为现代经济基础的消费主义、强调股东利益最大化的公司治理结构等制度设计。基于物质财富大规模生产和消费的传统发展模式，具有内在的扩张性，而经济体系中又缺少对这种扩张进行制衡的机制。在标准经济学分析中，消费越多、效用就越高。同时，生产中有递增报酬，生产规模越大，利润就越多。传统工业化模式的结果，一定是经济的不断扩张，进而导致生态环境不可持续，且背离福祉提高这一发展的初心。

发展范式从传统工业时代转变到生态文明时代时，对政府的职能也要进行重新思考。从霍布斯的利维坦政府到卢梭的契约论、斯密的"政府作为守夜人"，到现代市场经济下政府新的职能，比如凯恩斯主义下政府角色的转变，人们对政府职能的认识随着历史条件的变化而不断演变。在新自由主义经济学定义下，市场经济很难自动避免不可持续发展的危机，也难以实现社会福祉最大化。这可能是人类社会面临的最大的"公地的悲剧"。

党的十八届三中全会提出的"使市场在资源配置中起决定性作用和更好发挥政府作用"，以及十九届四中全会作出的推进国家治理体系和治理能力现代化的决定，实质是对市场的功能和政府职能进行重新定义。在传统发展模式下，很多商业上非常成功的经济活动，因为没有充分考虑环境问题带来的外部成本、隐性成本、长期成本、机会成本和福祉损失，其社会成本往往较高。而且，由于过于强调物质主义，一些经济活动的内容本身也不一定就提高了人民福祉。同时，很多未能商业化的内容却对提高人民福祉至关重要。比如，那些难以市场化的生态环境、文化等要素。

新的发展模式需要新的政府公共职能。大体上，这一新的职能可以归纳为三个方面：一是避免不可持续发展的危机。在传统发展模式及与之相应的市场制度设计下，很难避免不可持续的后果，像气候变化、环境破坏、生物多样性丧失、资源过度消耗等。二是促进绿色转型。绿色转型是从一种旧的非绿色结构转到一种新的更有竞争力的绿色结构。这种转型，很大程度上需要政府进行协调。这实质上相当于政府提供一种市场需要的新型公共产品，同过去传统意义上的政府计划干预不可同日而语。中国政府体制具有强大的动员能力和组织能力。在法治的框架下，强大的政府能力可以帮助市场更有效地发挥作用。三是提供新发展模式要求的不同于过去的基础设施和公共产品与需求服务。

重构环境与发展的关系，需要根据生态文明内在要求建立和完善新的基本政策框架。

一是要从人与自然更宏大的视野重新审视人们的经济活动。要在生态文明新的框架下，对于成本、收益、福祉、最优化等概念进行重新定义。这就会带来非常不同的行为模式和生态环境后果。

二是通过经济政策引导社会心理和消费者偏好。很多在市场上、商业上非常成功的内容，不一定就有利于福祉和可持续发展。必须转变发展内容，从GDP导向转向福祉导向。这实际上就是回到发展的初心。发展的初心或目的，就是提高人民福祉，而不是GDP本身。

三是对"两高一资"产品实行严格"双控"，即控制产品的强度和总量，倒逼发展内容绿色转型。如此，就会改变相对价格，"关上一扇门，打开另一扇门"，发展内容和经济结构就会发生相应调整。

在重点领域治理思路上，也需作出相应转变。

一是企业治理思路的转变。在传统工业化模式下，企业治理更多的只是单一强调股东利益至上。在生态文明视角下，则要充分考虑经济活动的社会环境文化等后果，将主要利益相关者（以各种方式）均纳入公司治理结构，在此前提下实现股东利益最大化。

二是区域生态环境治理的转型。由于传统工业化更多的只是考虑地区之间的经济贸易联系，往往大大低估不同地区之间真实的经济联系。比如，在传统工业化视角下，一些看起来可能没有太多经济联系的地区，如果将它们之间的生态环境关联考虑在内，就会出现非常不同的区域关系。

三是在国际环境治理方面的转变。绿色转型有两个"由内到外"。第一个"由内到外"，就是内心关于发展的理念发生了改变，带来经济行为和发展内容的改变；第二个"由内到外"，是国内发展方式转变后，国内的行为就会自然地体现在国际行为上。比如，中国提出2060年碳中和目标，不是因为国际压力"要我做"，而是自身绿色转型驱动的"我要做"。

第五章

共建地球生命共同体

　　生物多样性保护是生态文明建设的重要内容。《生物多样性公约》第十五次缔约方大会主题是"生态文明：共建地球生命共同体"，中国是COP15大会的主席国。2022年12月19日，COP15第二阶段会议通过了具有里程碑意义的"昆明-蒙特利尔全球生物多样性框架"（简称"昆蒙框架"）。"昆蒙框架"将指引国际社会携手遏止并扭转生物多样性丧失、推动生物多样性恢复进程，共同迈向2050年人与自然和谐共生愿景，为2030年乃至更长一段时间的全球生物多样性治理擘画了新蓝图。

　　作为COP15大会主席国，中国为推动全球生物多样性保护发挥了引领者的作用。其中，"昆蒙框架"确立了"3030"目标，即到2030年保护至少30%的全球陆地和海洋等系列目标；建立了有力的资金保障，明确为发展中国家提供资金、技术和能力建设等支持措施。

　　构建人类命运共同体的基础是可持续发展。工业革命后，以西方工业化国家为代表建立的传统工业化模式，带来了物质生产力的飞跃，前所未有地推动了人类文明进程，但同时也带来了发展的不可持续，更无法以此实现全球共享繁荣。只有从工业文明转向生态文明，才能实现可持续发展。因此，生态文明也就成为构建人类命运共同体的根本途径。

　　中国作为COP15主席国对引领全球生态环境保护作出了巨大贡献。这一巨大贡献不仅体现在达成"昆明-蒙特利尔全球生物多样性框架"及其宏大的目标，更是为全球生态环境保护提供了思想指南。人类命运共同体和地球生命共同体，都必须建立在生态文明的基础之上，是生态文明在不同方面的表现。生态文明建设是工业革命后人类发展范式的深刻转变。生态文明的提出，不只是缘于中国发展模式面临的特殊问题，更是缘于工业革命后传统发展模式不可持续的普遍问题。如果说工业革命后建立的传统工业化模式是工业化国家为人类作出的重大贡献，那么中国生态文明建设的探索，就有可能是中国为人类作出独特贡献的新的历史机遇。

一、携手共建地球家园

（一）三个"地球家园"

昆明《生物多样性公约》第十五次缔约方大会为未来全球生物多样性保护设定目标、明确路径，具有重要意义。在2021年昆明召开的COP15领导人峰会上，习近平主席发表主旨讲话，鲜明提出了三个构建"地球家园"的美好愿景。这些思想，为COP15第二阶段会议通过"昆明-蒙特利尔全球生物多样性框架"奠定了坚实的思想基础和广泛的政治共识。

第一，构建人与自然和谐共生的地球家园。人与自然应和谐共生。我们要尊重自然、顺应自然、保护自然，构建人与自然和谐共生的地球家园。

第二，构建经济与环境协同共进的地球家园。绿水青山就是金山银山。良好生态环境既是自然财富，也是经济财富，关系经济社会发展潜力和后劲。我们要加快形成绿色发展方式，促进经济发展和环境保护双赢，构建经济与环境协同共进的地球家园。

第三，构建世界各国共同发展的地球家园。各国要加强团结、共克时艰，让发展成果、良好生态更多更公平惠及各国人民，构建世界各国共同发展的地球家园。

　　这三个"地球家园"，实质是三个"共赢"，即人与自然的共赢、经济与环境的共赢、各国之间的合作共赢。三个"地球家园"的基础，都只能是生态文明建设，而不可能是传统工业文明。习近平总书记提出，各国携手同行，开启人类高质量发展新征程，并提出四点倡议：一是以生态文明建设为引领，协调人与自然关系；二是以绿色转型为驱动，助力全球可持续发展；三是以人民福祉为中心，促进社会公平正义；四是以国际法为基础，维护公平合理的国际治理体系。①

　　这四点倡议，有两个突出特点。一是都是对最基本的发展问题的深刻反思。对这些问题的不同认识与回答，就会有不同的发展结果和环境后果。二是都是基于中国可持续现代化道路的艰辛探索的智慧结晶，是可以为全人类共享的智慧。

　　第一，关于"以生态文明为引领，协调人与自然的关系"。在传统发展模式下，人与自然很大程度上相互对立，无法做到和谐共生。只有在生态文明框架下，以新理念、新内容、新模式进行发展，才能做到"越保护、越发展"、"绿水青山就是金山银山"（价值理念）、"人与自然和谐共生"（视野）。

　　第二，关于"以绿色转型为驱动，助力全球可持续发展"。这意味着，绿色转型成为增长的驱动力和机遇，而不是增长的负担。从传统发展模式转向绿色发展模式，是从零到一的飞跃，是实现全球生态保护和可持续发展的保障。在传统模式下，联合国可持续发展目标的17大目标，一定程度上相互冲突，只有在生态文明概念下进行绿色转型，才有望实现这些目标。

　　第三，关于"以人民福祉为中心，促进社会公平正义"。这实

―――――――――

① 习近平：《共同构建地球生命共同体——在〈生物多样性公约〉第十五次缔约方大会领导人峰会上的主旨讲话》，《人民日报》2021年10月13日。

际上是发展的根本问题。发展的根本目的是提高人民福祉，经济增长只是手段。在传统发展模式下，全球普遍出现发展目的和手段本末倒置的问题。包括美国在内的很多国家的情况表明，高增长并没有带来高福祉，而且环境也不可持续。如果发展不以福祉为导向，而以GDP增长为导向，就难免会带来大量的经济扭曲，导致"高增长、低福祉、不可持续"。中国政府提出的不忘初心、新发展理念、生态文明等概念，背后正是对这些问题深刻反思。

第四，关于"以国际法为基础，维护公平合理的国际治理体系"。一是全球生物多样性保护必须要有公平合理的国际环境治理体系。二是这种国际治理体系思想，实质同生物多样性思想一脉相承。"万物各得其和以生，各得其养以成。"生态领域、社会领域、人与自然关系、国际领域等不同领域的具体情况千差万别，但背后都是同一个道理。如果一国试图将自身利益凌驾于他国之上，以自己的规则为所谓"国际规则"，就会带来全球范围的灾难性后果。

（二）全球生物多样性的中国贡献

在生物多样性保护上，中国经历了一个学习借鉴西方传统工业化模式带来经济发展、环境破坏，再到深刻反思和探索生态文明绿色发展，以实现生态保护和高质量发展的艰辛探索和转变过程。

我们可以从"爱知目标"看中国的贡献。所谓"爱知目标"，是指2010年在日本爱知县召开的COP10上制定的生物多样性2011—2020年目标，简称"爱知目标"。"爱知目标"是国际社会为应对生物多样性丧失的严峻形势而制定的2010—2020年全球生物多样性保护行动计划，具体包括降低栖息地流失率、鱼群可持续经营管理、防止有害污染、保护全球一定比例的陆地和海洋、防止物种灭绝以及增加保护大自然的资金。

但是，联合国第五版《全球生物多样性展望》指出，联合国20项"爱知目标""没有一项完全实现"，自然界正经历人类史上空前的破坏与衰退。这份报告也是2010年20项"爱知目标"的全球总检讨。在60个子目标中，有13个毫无进展，甚至恶化，包括湿地持续减少、捕捞活动破坏栖息地，并以非可持续的速度下降，且有100万种物种濒临灭绝。

同"爱知目标"全球"没有一项完全实现"形成鲜明对照的是，中国的实现情况领先全球。根据生态环境部在2021年9月例行新闻发布会的信息，中国实施"爱知目标"的总体完成情况高于全球平均水平。作为世界上生物多样性最丰富的国家之一，中国政府认真落实 "爱知目标"，确定各项任务和责任。其中，中国有3项目标进展超越了"爱知目标"。分别是第14项恢复和保障重要生态系统服务、第15项增加生态系统的复原力和碳储量、第17项实施生物多样性保护战略与行动计划。13项目标基本实现，4项目标取得阶段性进展。

COP15为今后十年全球生物多样性保护确立了雄心勃勃的目标。为此，必须反思十年"爱知目标"未能实现的根本原因。十年"爱知目标"之所以未能实现，其实不是因为各国不重视，根本上是因为生物多样性问题背后是发展范式的转变问题。如果不转变发展范式，仍然是在传统工业化模式下环境与发展相互冲突的条件下进行生物多样性保护，就不可能真正实现这些保护目标。根本的出路，是从传统工业文明转向生态文明，共建地球生命共同体。因此，COP15大会的主题"生态文明：共建地球生命共同体"，就深刻地揭示了生物多样性丧失的原因和实现保护目标的根本方向。

中国在生物多样性保护上作出了巨大努力。在生态文明思路下，中国跳出传统工业化模式下生物多样性保护思路的局限，通过国内生态保护行动和作为主席国在COP15通过的"昆明-蒙特利尔全球生物多样性框架"，起到了引领全球生物多样性保护的作用。根据生态环境部2021年1月发布会资料，中国生物多样性保护取得了巨大成就。

第一，中国实施《中国生物多样性保护战略与行动计划》（2011—2030年），出台《生态文明体制改革总体方案》《关于划定并验收生态保护红线的若干意见》等文件，政策法规体系不断健全。2020年，中国颁布《生物安全法》，修订《湿地保护法》《野生动物保护法》等。

第二，生态空间保护力度不断加大。中国划定并严守生态保护红线，有望提前实现"昆蒙框架"设定的2030年30%的陆地和涵养保护面积的目标。中国已有5个国家公园，并将不断扩大数量和范围，推动以国家公园为主题的自然保护地体系。

第三，生物多样性调查观测体系初步建立。依托实施生物多样性保护重大工程、科技基础资源调查专项等项目，组织开展全国重要区域、重点物种和遗传资源调查、双测与评估，发布中国生物多样性红色名录。

第四，生态系统保护修复成就显著。根据联合国粮农组织的报告，中国森林净增长量居世界第一，是全球森林资源增长最多的国家。重点野生动植物保护也取得显著成效。

"昆蒙框架"的制定，是建立在《生物多样性公约》第十五次缔约方大会第一阶段会议通过的"昆明宣言"基础之上。作为COP15高级别会议的主要成果，"昆明宣言"承诺确保制定、通过和实施一个有效的全球生物多样性框架，以扭转当前全球生物多样性丧失状况，并确保最迟在2030年使全球生物多样性走上恢复之路，进而全面实现"人与自然和谐共生"的2050年愿景。

"昆明宣言"是一个强有力的信号，向世界展示了保护全球生物多样性的政治决心，也是中国作为大会东道国，在全球生物多样性保护上展现领导力的产物。"昆明宣言"的通过，既是国际社会扭转当前生物多样性丧失的努力的结果，又是应对新的艰巨挑战的开始。

（三）中国碳中和助力建设美丽地球

2020年9月22日，习近平主席在第七十五届联合国大会一般性辩论上宣布"双碳"目标，在国际社会引起巨大反响。中国作为最大的发展中国家和最大的碳排放国，宣布2060年碳中和目标，极大地振奋了全球应对气候变化的信心。在同年10月底党的十九届五中全会上，"双碳"目标纳入第十四个五年规划和2035年远景目标。在2020年12月的中央经济工作会议上，"双碳"目标被纳入2021年8项重点工作。在2021年3月的全国两会上，"双碳"成为社会舆论热点。

2020年3月，中央财经委第九次会议提出将碳达峰、碳中和纳入生态文明建设整体布局。这意味着，"双碳"工作突破过去一些地方普遍存在的"唯碳而碳"思维，不再将减碳作为单一部门和单一系统的工作，而是运用系统论的思维进行减排。

2021年7月30日，中共中央政治局召开会议，要求统筹有序做好碳达峰、碳中和工作，坚持全国一盘棋，纠正运动式"减碳"，先立后破，坚决遏制"两高"项目盲目发展。

2021年9月21日，习近平主席以视频方式出席第七十六届联合国大会一般性辩论，宣布中国不再新建境外煤电项目。2021年10月12日，习近平主席在《生物多样性公约》第十五次缔约方大会领导人峰会上发出"开启人类高质量发展新征程"的倡议，并宣布中国将陆续构建碳达峰、碳中和"1+N"政策体系。[①]

随着"1+N"政策体系的出台，中国"双碳"目标有了完整的时间表、路线图、施工图，进入平稳推进的阶段。其中，"1"是指2021年9月中共中央、国务院出台的《关于完整准确全面贯彻新发展理念做好碳达峰碳中和工作的意见》。"N"是指随后发布的《2030年前碳达峰行动方案》，以及各行业、各领域的"双碳"政策措施。

党的二十大报告明确强调，要"协同推进降碳、减污、扩绿、增长，推进生态优先、节约集约、绿色低碳发展"[②]。这其中，降碳、减污、扩绿分别代表碳排放、环境污染、生态保护三个环境维度，而在此前提下的增长，则意味着绿色增长。

在2023年7月17—18日召开的全国生态环境保护大会上，习近平总书记发表重要讲话，提出处理好"双碳"承诺与自主行动的关系。习近平总书记强调，我们承诺的"双碳"目标是确定不移的，但达到这一目标的路径和方式、节奏和力度，则应该而且必须由我们自己做主，决不受他人左右。

可以说，中国对"减排与发展"关系的认识和实践，均走在世界前列。党的十八大后，随着生态文明写入宪法、党章，并纳入"五位一体"总体布局，尤其是习近平生态文明思想的确立，

---

① 习近平：《共同构建地球生命共同体——在〈生物多样性公约〉第十五次缔约方大会领导人峰会上的主旨讲话》，《人民日报》2021年10月13日。

② 习近平：《高举中国特色社会主义伟大旗帜　为全面建设社会主义现代化国家而团结奋斗——在中国共产党第二十次全国代表大会上的报告》，人民出版社2022年版，第50页。

关于环境与发展之间关系的认识问题已在国家战略层面得到解决。正是由于认识上的深刻转变，党的十八大后中国前所未有地加大了环境保护力度，不仅环境发生了根本性好转，经济也取得高质量发展。这些在长期探索基础上形成的生态文明思想和实践成果，正是中国提出 2030 年碳达峰、2060 年碳中和的理论和实践基础。因此，碳中和不是"可做可不做"的选择题，而是"如何做"的应用题。

二、生态文明与人类命运共同体

（一）构建人类命运共同体的历史逻辑

2012 年 11 月，党的十八大明确提出，要倡导"人类命运共同体"意识。十八大以来，习近平主席在多个国际场合和国际会议上，倡导努力构建人类命运共同体。同时，生态文明建设也在党的十八大后被提到前所未有的高度，分别被写入宪法、党章、"五位一体"总体布局，并形成了习近平生态文明思想。

所谓人类命运共同体，通俗而言，就是人类都生活在一个共同的星球上，命运休戚与共，"一损俱损、一荣俱荣"。对于当今人类社会面临的各种挑战，比如气候变化、生物多样性丧失、全球新冠大流行、战乱等，任何国家均不可能独善其身。构建人类命运共同体，就是如何通过合作避免全球性危机，并分享可持续发展的机遇，实现全球共同繁荣。

生态文明建设，根本是要建立"人与自然和谐共生"的关系。在狭义的层面，生态文明是指生态环境保护。但是，生态文明又绝不只是一个简单的生态环境保护问题，背后更是发展方式彻底转变的问题。如果发展方式建立在"高资源消耗、高碳排放、高环境破坏"基础之上，则环境保护和经济发展就存在内在冲突。如果"用之不觉、失之难存"的生态环境被破坏，则人类赖以生存的基础就不复存在，人类命运共同体也就失去了存在的基础。

人类命运共同体的概念，是人类社会发展到一定历史阶段的产物。在人类的生产力和全球化发展到一定程度之前，某个特定区域的衰落或特定区域的生态环境崩溃，并不至于危及全体人类的生存和发展。人类社会经历了农业文明、工业文明，正在进入生态文明。在农业文明的历史条件下，就不可能提出现在这样的人类命运共同体概念。在工业文明下，虽然出现人类命运共同体的意识，但由于传统工业化模式具有不可持续的内在局限，也就不可能以此模式为基础构建人类命运共同体。人类命运共同体的概念，经历了下面三个历史阶段。

第一阶段：农业社会。由于两个原因，农业社会不可能出现类似今天人类命运共同体的概念。一是由于生产力低下，人类没有足够的能力大范围影响环境。人与环境之间的关系，更多的是人类被动适应自然环境的变化。二是由于不同地方的相互依赖程度低，即使一个局部地区的文明消失，其对全球其他地方的影响也有限。因此，在生产力低下的农业社会，就很难出现人类命运共同体的概念，更多的只是"天下大同"之类遥远的政治理想。

历史上那些因为环境危机消失的区域文明，多是由于自然发生的气候变化（洪水、干旱、火山、瘟疫等）或农业体系受到破坏等原因。比如，历史上十大消失的文明。由于世界处于分隔状态，这些局部原因导致的区域文明消失，并不至于影响生活在全球其他地方的人口。因此，也就不会有人类命运共同体概念产生的历史条件。

第二阶段：工业时代。在传统工业时代，大工业推动全球化进程，使得越来越多的国家的命运开始相互依赖。由于全球危机的出现，有了对建设人类命运共同体的内在要求，但却没有实现的基础。工业革命后，以欧美国家为代表率先实现工业化和现代化，人类从农业文明进入工业文明。工业文明带来的系列环境危机，使人们有了人类命运共同体的危机意识，但却无法真正实现人类命运共同体的目标。相较农业时代，工业时代有以下两个实质性变化。

一是生产力出现飞跃，人类社会创造了前所未有的物质财富。1848年，马克思在《共产党宣言》中说："资产阶级在它的不到一百年的阶级统治中所创造的生产力，比过去一切世代创造的全部生产力还要多，还要大。"[①]与此同时，人类与环境之间的关系，也从过去被动适应环境，变成足以影响全球环境。人类进入所谓人类世，也即影响环境变化的主要因素，从过去以自然因素为主，转变到人类活动为主。

比如，气候变化就主要是工业革命以来人类活动引起的，尤其是化石燃料燃烧、毁林、土地利用变化等人类活动排放大量温室气体。据美国橡树岭实验室研究报告，自1750年以来，全球累计排放了超过1万亿吨二氧化碳。这些排放导致的气候变化，引发灾害性气候事件、冰川和积雪融化、降水分布失衡、生物多样性丧失，危及人类文明的延续。据联合国环境署的相关评估报告，目前全球生物多样性下降的速度超过人类历史上任何时期，且这一趋势正在加速。为应对人类活动造成的全球环境危

---

① 《马克思恩格斯文集》第2卷，人民出版社2009年版，第36页。

机，1972年联合国召开第一次人类与环境会议。在这次会议上，国际社会第一次确立了对全球环境的权利与义务的共同原则，标志着人类共同保护生态环境历程的开始。

二是人类社会越来越进入相互依赖的全球化时代。通过全球分工，越来越多的国家被卷入分工体系。第一次全球化浪潮发生于19世纪70年代到第一次世界大战前。第二次浪潮发生于"二战"到20世纪80年代，加深了发达国家经济之间的产业分工，形成了穷国严重依赖原材料和初级产品出口的全球南北分工格局。第三次浪潮始于1980年，发达国家将大量高环境代价的制造业转移到发展中国家，后发国家尤其是东亚和中国成为主要的全球制造者。

但是，由于传统工业化模式下环境与发展之间的内在冲突，环境问题不可能真正得到解决。工业革命后以少数工业化国家为代表建立的现代化模式面临着所谓"现代化的悖论"，即这一模式可以让少数工业化国家实现现代化，但一旦这种模式扩展到全球，就会带来全球不可持续。直观地说，如果每个国家都像欧美那样过度消费，则这种高环境代价的生活方式就会带来全球不可持续。因此，这种方式也就无法在全球扩展。

第三阶段：生态文明新时代。在生态文明时代，人类命运共同体就从愿望变成可以实现的目标。在传统工业时代，即使人们意识到人类命运与共的现实，并采取各种措施改善环境，也无法从根本上实现可持续发展。只有在生态文明时代，人类社会彻底转变"高资源消耗、高碳排放、高环境破坏"的发展模式，人类命运共同体的概念才有可能真正从愿望变成现实。

解决不可持续问题，不是简单地用新能源替代化石能源，也不是简单的技术创新和新材料发明等问题，而是工业革命后发展范式的根本转变，是发展理念、发展内容、资源概念、发展方式、商业模式、体制机制等方面全面而深刻的转变。正如爱因斯坦所说，"我们不可能用过去导致这些问题的思维去解决这些问题"。全球范围的碳中和共识与行动，标志着传统工业时代的落幕，一个新的生态文明时代的开启。由此，人类命运共同体的概念，就进入一个新的历史阶段，从美好愿望变成可以实现的目标。

（二）生态文明奠定人类命运共同体之基

为什么只有在生态文明基础上才可能构建，而在传统工业化模式下无法构建人类命运共同体？工业革命后，以少数工业化国家为代表建立的传统工业化模式产生的后果，带来了建立人类命运共同体的需求，但却不可能真正构建人类命运共同体。这种发展模式以物质产品的大规模生产和消费为中心。形象地说，就是高度依赖"挖煤、开矿、砍树、办工厂"。由于建立在"高资源消耗、高碳排放、高环境破坏"基础之上，这种经济发展模式就不可避免地带来严重的生态环境问题。如果环境不可持续，当然也就无法建立人类命运共同体。

进入工业时代，过去农业时代形成的发展观念或关于美好生活的概念，就被商业化力量重新改造，以为工业化大规模生产不断开辟市场。人们从过去节俭的公民，变成"饥饿的消费者"，物质消费成为美好生活的标志。建立在物质消费主义基础之上的过度消费，就成为工业化模式下经济增长的基石。至于消费的内容是否会增进人民福祉，却反倒成为一个次要的问题。

在工业化的强大力量下，整个社会就按照工业化的逻辑被重构。基于消费主义的工业化逻辑不断扩张的结果，不仅人与自然的边界被突破，而且原本基于生态逻辑的复杂的社会—经济—生态系统，在被单一的工业化逻辑解体后，除了引发大量生态环境危机外，还导致一系列社会和文化问题。

比如，农业被工业化的逻辑改造，从传统的生态农业，走上了以单一农业、工业化农业和化学农业为特征的所谓"现代"农业道路，导致严重的农业面源污染、地力下降、生物多样性丧失等问题。农村更多地成为为工业和城市提供农产品、原材料和劳动力的场所，形成了"城市—工业，农村—农业"的基本城乡分工格局，导致了城乡差距和地区差距。由于工业生产主要依赖物质原料，乡村大量宝贵的无形价值（包括生态环境、人文、非物质文化遗产等），也即广义的"绿水青山"资源，在以工业物质财富生产为核心的大生产中不仅没有优势，也缺乏相应的机制和模式对其进行利用。与此同时，在工业化的过程中，出现大量空心村、留守老人儿童、农民工、村落消失等社会问题。

由于工业化赋予人类巨大的力量，在人与自然的关系中，人类从过去的被动适应自然，逐渐转变为统治者的角色，地球进入所谓人类占主导的人类世阶段。随着经济活动扩张，出现严峻的环境问题，包括空气污染、水环境问题、土壤环境问题、环境破坏、生物多样性丧失等等，导致所谓不同系统的"地球边界"不断被突破。这些"地球边界"都是环境阈值或不可逆转的转折点。一旦边界被突破，就会破坏人类的经济发展和社会生活，甚至危及人类文明的持续。

这些不仅影响发展的可持续性，而且严重危及当代人的健康和福祉。比如，空气污染颗粒物深入肺部，引发癌症和其他相关呼吸道疾病；地表水和地下水的污染影响饮用水安全和食品安全；土壤中的重金属和有毒物质被富集到农作物和畜牧产品，引起食品安全问题，如此等等。除了环境污染的直接影响外，生物多样性的破坏，还会带来生态系统崩溃的危险。

中国出现的生态环境后果，固然很大程度上是由中国过去自身的粗放发展导致，但根本上却是工业革命后世界范围内建立的传统发展范式的弊端导致。中国提出生态文明概念和新发展理念，有其历史的必然。

中国的现代化建设，尤其是改革开放后取得的巨大成就，在人类历史上绝无仅有。很多人将中国的成功归于学习西方现代化的结果。但是，问题可能不是那么简单。世界上几乎所有的后发国家都在学习西方的现代化经验，但只有少数国家取得了成功。这其中，必有其不为人知的无形因素在起作用。这个无形因素，可能蕴藏在中国五千年文化关于人与自然和谐共生的智慧之中，成为构建人类命运共同体的文化基础。

第一，中国文化的连续性和创新性，使得其对自身发展进程中出现的问题进行深刻反思。新中国成立70多年，尤其是改革开放短短40年取得的工业化成就，在世界历史上绝无仅有。但是，这种传统工业化模式付出的环境代价亦十分巨大。这使得中国成为新发展理念独特的试验场。在此基础上产生的新发展理念，对人类社会现代化进程就具有重要价值。

第二，深厚的哲学和文化基础。中国自古就对大自然充满敬畏，有着"天人合一"的哲学思想。这种传统，不同于工业化征服自然的逻辑。中国的小康社会概念，就是一个充满智慧的思想。它并不将单纯的物质财富作为追求目标，反映了人的全面发展至上的哲学。当中国遇到不可持续的难题时，很自然地就会从自身五千年传统智慧中寻找解决方案。①

（三）从人类命运共同体到地球生命共同体

人类命运共同体强调人类的命运与共，地球生命共同体则进一步强调地球所有的生命，包括人与自然界的其他生命，均命运与共。虽然二者讨论的是不同对象的命运共同体，但其共同基础都是生态文明，即改变工业革命以来将人类凌驾于自然之上的人类中心主义，尊重自然、顺应自然、保护自然，将人类经济活动置于地球边界之内，实现"天地与我并生，而万物与我为一"。

联合国COP15的主题"生态文明：共建地球生命共同体"，就深刻揭示了生态文明的基础作用，强调所有地球生命均是命运共同体。根据事物是普遍联系的哲学原理，即使那些似乎同人类相距遥远的物种，也通过复杂的关系与人类命运相互与共。

三、中国式现代化生态观的世界意义

（一）实现联合国可持续发展目标

2000年，联合国通过了"千年发展目标"（Millennium Development Goals，MDGs），目标完成时间定为2015年。2012年，"里约+20"峰会（即联合国可持续发展大会）通过联合国可持续发展目标，以替代2015年到期的千年发展目标。

2000年9月，在联合国千年首脑会议上，世界各国领导人就

---

① 张永生：《生态文明是构建人类命运共同体的根本途径》，《当代中国与世界》2021年第3期。

消除贫穷、饥饿、疾病、文盲、环境恶化和对妇女的歧视，通过了《联合国千年宣言》，确定了八大"千年发展目标"：（1）消灭极端贫穷和饥饿；（2）普及小学教育；（3）促进男女平等并赋予妇女权利；（4）降低儿童死亡率；（5）改善产妇保健；（6）与艾滋病毒/艾滋病、疟疾和其他疾病作斗争；（7）确保环境的可持续能力；（8）建立全球发展伙伴关系。

从世界范围的实施情况来看，千年发展目标虽然取得了一定的效果，但效果也并不十分理想。中国在发展和减贫方面取得的巨大成就，为实现联合国千年发展目标作出了突出贡献。

那么，从联合国"千年发展目标"到"可持续发展目标"有什么变化？一是在面临危险的气候变化和其他严重的环境问题的今天，"可持续发展目标"在强调消除贫困目标的同时，更加突出世界范围内环境目标的重要性。二是"千年发展目标"主要是针对发展中国家，而"可持续发展目标"则针对所有国家，强调在全球范围内实现一种新的发展范式。

联合国可持续发展目标面临的最大挑战是，这17大类目标需要建立相互兼容和相互促进的关系。之所以大多数发达国家和发展中国家均没有很好地实现SDGs，不是因为人们没有认识到这些目标的重要性，也不是因为政府不重视，而是因为在传统发展模式下，这17大类目标很多都是难以兼顾的关系。这些目标的同时实现，有赖于经济发展机制的转变。只有通过生态文明建设对发展范式进行系统性转变，才有望建立这些目标之间相互兼容乃至相互促进的关系，从而人类命运共同体才有实现的可能。

（二）应对全球气候变化

应对全球气候变化，各国经历了将减排视为负担，到逐渐向将减排视为机遇的方向转变。在2009年哥本哈根联合国气候大会上，大多数国家都把减排视作发展的负担，各国难以形成减排共识。由于传统经济发展模式建立在高碳基础之上，而全球升温要控制在2度或1.5度的话，全球剩余的碳排放空间已十分有限，"减碳"就相当于压缩自己的发展空间。同时，由于二氧化碳的全球流动性，减排成本由本地承担，减排好处则由全球共享。因此，在全球碳排放空间有限的前提下，所有国家都力图在碳排放空间上多分一块蛋糕，全球气候谈判就很艰难。

但是，短短十年过去，在2020年中国提出2030年碳达峰、2060年碳中和（"双碳"）目标的推动下，全球减排形势发生了翻天覆地的变化。据不完全统计，目前大概有140个国家以各种形式承诺了碳中和。全球碳中和呈现如下特点。

第一，目前承诺碳中和的这140多个国家，碳排放总量占全球的80%左右，人口占80%左右，经济规模占90%左右。如果只是少数国家承诺碳中和，或许还不能说明问题，但是现在大多数国家都作出了承诺。这么多国家承诺碳中和目标，说明他们看到了碳中和带来的实质性机遇。

第二，更进一步看，这些承诺碳中和的国家有七成左右都属于发展中国家。这是一个非常大的变化，因为按照过去常规发展模式，碳排放要先到达一个高峰然后再下降，整体呈倒U形曲线。现在这些国家承诺碳中和，意味着他们可以通过低碳模式实现经济起飞，不需要再经过明显的倒U形路线。这对传统发展模式和发展理论来说，是一个颠覆性改变。

　　简单回顾中国关于气候变化认识的转变历程就可以发现，中国提出碳中和目标，不是为了应对气候变化谈判战术层面的考量，而是体现中国的大国担当和新发展理念，是中国进入新发展阶段、新发展格局的战略选择，是党的十八大后中国发展理念深刻变化的结果。

　　在应对气候变化的早期，中国关注的重点主要是国内环境问题，对全球气候变化问题并没有太充分的认识。当时普遍的发展观念认为，发展是第一要务，而减排会影响经济发展，所以中国在减排问题上要顶住国际压力。虽然1983年环境保护就成为中国的基本国策，但由于传统工业化模式下减碳和经济发展相互冲突，中国的碳排放总量在快速工业化过程中快速上升。可以说，中国早期是在国际减排压力下进行减排，处于"要我减"的状态。随着环境问题日益严重，中国意识到传统发展模式不可持续，减排符合自己的内在利益。尤其是，党的十八大后，随着新发展理念提出，生态文明建设被提到前所未有的高度，中国在认识和行动上不断深化，采取了非常严厉的环保政策，现在则主动提出2060碳中和目标。

　　在讨论中国为什么提出碳中和目标时，一些人可能会说，是因为中国的发展阶段不一样了。实际上，发展阶段的变化并不是提出碳中和目标的必要条件。美国的发展阶段很高，但在特朗普政府执政下，也没有提出碳中和，反而退出《巴黎协定》。全球碳中和意味着，以后全球发展都必须遵循低碳绿色模式，发展中国家不会再走发达国家"先污染、后治理"的老路，而是以低碳的方式实现经济起飞。因此，发展阶段既不是提出碳中和目标的必要条件，也不是充分条件。

　　中国承诺碳中和，也不是因为面临的减排国际压力，因为这种压力其实一直都存在，不是现在才出现。如果 2060 年碳中和的目标不符合中国的根本战略，中国不会屈从于国际压力作出这种承诺。而且，国际承诺不是一时的应景之作，而是需要切实兑现的，也并非到 2060 年才兑现，而是从承诺开始就一步步被国际社会监督。因此，中国提出碳中和，不是迫于所谓国际压力。

全球范围的碳中和是发展范式的深刻转变，标志着传统工业时代的落幕，一个新的绿色发展时代的来临。目前关于"双碳"目标的讨论，很多都是将"碳达峰"和"碳中和"这两个概念不加区分地使用。实际上，这两者有本质的区别，要求的政策也不一样。简单而言，碳达峰在传统工业化模式下也能实现，即当经济增长达到一个平台期，排放也进入平台期。如果想早达峰或者低达峰，就加大减排力度。但是，碳中和就不一样。实现碳中和意味着，目前 100 亿吨左右的碳排放，大部分都要被减掉，少量则通过碳汇、碳捕获与利用等方式进行中和。这意味着，中国经济大厦的基础要发生脱胎换骨的变化。这就不像替换汽车零部件那么简单，也不是纯粹依靠技术能实现，而是一个发展范式全面而深刻的转变。

虽然从时间先后顺序来看，中国要先实现碳达峰，再实现碳中和，但这并不意味着要等实现碳达峰后才考虑碳中和。恰恰相反，现在要以碳中和的思维和方式实现碳达峰。碳中和是发展范式的深刻转变，而要实现碳中和目标，现在就应该采取强有力的措施转变发展方式，而不是等碳达峰之后开始转变。如果不彻底转变发展方式，即使碳达峰 100 年，也无法自动实现碳中和。从 2020 年到 2035 年，中国要基本实现社会主义现代化，GDP 还要再新增一倍。这是中国碳中和的机会窗口期。如果不从现在开始加快行动减排，就会被锁定在高碳路径，等碳达峰后再转换，实现碳中和的成本就会非常高昂。

（三）推动全球共享繁荣

中国生态文明建设的世界性意义在于，以包含"人与自然和谐共生"的中国式现代化实现中华民族伟大复兴，则中华民族的伟大复兴就不只是中华民族的复兴，也成为推动世界繁荣的重大力量。生态文明通过新发展理念和绿色转型，重构传统工业时代不可持续的人与自然关系，使环境保护与发展之间成为相互促进的关系，就为建立中国与世界的共同繁荣奠定了新的基础，为解决各种全球性问题提供了解决方案。在推动联合国可持续发展目标、国际气候谈判、绿色"一带一路"、南南合作、联合国生物多样性大会等方面，生态文明正成为中国的国家软实力。

——生态文明为全球气候治理提供了合作共赢的新思路。2015年11月30日，在气候变化巴黎大会开幕式上，习近平主席发表题为《携手构建合作共赢、公平合理的气候变化治理机制》的演讲，明确提出了"双赢"和"共赢"。"双赢"是指"推动各国走向绿色循环低碳发展，实现经济发展和应对气候变化双赢"。"共赢"指各国之间的共赢。他呼吁，"我们应该创造一个各尽所能、合作共赢的未来"，"巴黎大会应该摈弃'零和博弈'狭隘思维，推动各国尤其是发达国家多一点共享、多一点担当，实现互惠共赢"。[1]

——生态文明为全球环境治理提供了合作共赢的新思路。现有全球环境治理很大程度上是建立在"先污染、后治理"的传统工业文明发展理念和发展模式基础之上。在这种模式下，环境保

---

[1] 习近平：《携手构建合作共赢、公平合理的气候变化治理机制》，《人民日报》2015年12月1日。

护被视为经济发展的负担，全球环境治理更多地成为各国负担分担的零和博弈。而在生态文明新发展范式下，环境与发展之间可以相互促进，这就为全球环境治理提供了可能性。

——生态文明为联合国可持续发展目标提供根本解决之道。联合国2030年17大类可持续发展目标致力于全面消除贫困、不平等和应对气候变化。SDGs面临的最大挑战是，在传统工业化模式下，这17大类目标很多都是难以兼顾的关系；只有基于生态文明的逻辑，对发展范式进行系统性转变，才有望建立起这些目标相互促进的关系。因此，生态文明是实现联合国可持续发展的根本之道。

——生态文明为构建人类命运共同体奠定了基础。人类命运共同体的概念是人类社会发展到特定历史阶段的产物。传统工业时代出现的各种全球性危机，产生了对人类命运共同体的内在需求。但是，由于传统工业化模式下环境与发展之间的内在冲突，全球性环境危机不可能真正得到解决，人类命运共同体也就不可能真正实现。只有在生态文明时代，人类社会彻底转变"高资源消耗、高碳排放、高环境破坏"的传统发展模式，实现"人与自然和谐共生"的现代化，人类命运共同体的概念才有可能从愿望变成现实。

——生态文明建设为广大发展中国家提供了新的现代化选择。目前广为接受的现代化概念主要是以少数所谓现代化国家的发展内容为标准。但是，由于这种现代化模式是建立在不可持续的传统工业化模式基础之上，发展中国家不可能以此实现现代化。中国探索人与自然和谐共生的现代化，就为广大发展中国家提供了一个新的选择。

——生态文明思想指引绿色"一带一路"建设。2017年，环境保护部、外交部、发展改革委、商务部联合发布了《关于推进绿色"一带一路"建设的指导意见》，系统阐述了建设绿色"一带一路"的重要意义，要求以和平合作、开放包容、互学互鉴、互利共赢的"丝绸之路精神"为指引，牢固树立"创新协调绿色开放共享"的新发展理念，坚持各国共商、共建、共享，遵循平等、追求互利，全面推进"政策沟通""设施联通""贸易畅通""资金融通"和"民心相通"的绿色化进程。

中华生态文化的包容性，成为全球共享繁荣的文化基础。文化是一种价值观和思维方式，决定人们的行为及其后果。传统工业化模式不可持续，归根结底要追溯到背后的文化。工业革命后，大多数国家都在试图实现现代化，但只有少数国家能够成功。这意味着，中国取得的巨大发展成就，不只是简单地学习西方工业化国家的结果，其中五千年独特生态文化底蕴亦发挥着重要作用。相对于有形的器物和制度，这种无形的文化底蕴对经济的作用却往往被忽视。随着传统工业化模式的弊端日益暴露，中国传统文化的价值，就开始显现其巨大的生命力。

2023年6月2日，习近平总书记视察中国历史研究院时，在文化传承发展座谈会上发表重要讲话，提出"建设文化强国、建设中华民族现代文明，是我们在新时代新的文化使命"[①]。他指出，中华文明具有五大突出特性：一是连续性；二是创新性；三是统一性；四是包容性；五是和平性。习近平总书记尤其强调"两个结合"的重要性，即马克思主义基本原理同中国具体实际相结合，同中华优秀传统文化相结合。讲话最后，习近平总书记呼吁大家担当使命，奋发有为，共同努力建设中华民族现代文明。

---

① 习近平：《在文化传承发展座谈会上的讲话》，《求是》2023年第17期。

生态文明是建设中华民族现代文明的标识性概念。生态文明是传统的，是基于中国五千年优秀传统文化提出的中国概念。生态文明在中国诞生，有其深厚的哲学和文化基础。中国自古就对大自然充满敬畏，有着"天人合一"的哲学思想。这种传统，不同于工业化征服自然的逻辑。同时，生态文明又是现代的，是解决西方传统工业化模式不可持续的根本出路，代表人类未来的发展方向。在此基础上产生的新发展理念，对人类社会现代化进程具有重要价值。随着中国的崛起和生态文明影响的加大，生态文明思想中蕴含的中国文化也越来越被世界接受。

第六章

开创人类文明新形态

人类经历了原始文明、农业文明、工业文明，生态文明是工业文明发展到一定阶段的产物，是实现人与自然和谐发展的新要求。[1]工业革命后以欧美发达国家为代表建立的欧美式现代化，是基于工业文明形态的现代化，而中国式现代化则是代表新的生态文明形态的现代化。因此，中国式现代化，从横向维度上诚然表现为人类文明多样性中的一种，但在历史纵向维度上，更是代表工业文明向生态文明转变的人类文明新形态，代表未来历史方向。在文明形态转变大的历史背景下，各国将在生态文明新的人类文明形态下，根据自身经济文化社会特征，探索适合本国多样化的具体文明形态。在这一章，我们试图从文明形态转变的宏大历史视角，理解中国式现代化如何开创人类文明新形态及其普遍意义。[2]

一、从农业文明到工业文明

（一）工业文明下现代化概念的形成

现在各个国家广为接受的现代化概念，都是工业革命以来形成的以西方标准为标准的现代化概念。这种现代化概念和模式，虽然大幅提高了物质生产力，却带来了不可持续的全球性生态环境危机。从工业文明转向生态文明新的文明形态，意味着现代化的基础及其模式也要发生深刻转变。如何在生态文明时代建设中

---

[1] 中共中央宣传部、中华人民共和国生态环境部：《习近平生态文明思想学习纲要》，学习出版社、人民出版社2022年版，第13页。

[2] 张永生：《开启人类文明新形态的现代化新范式》，《历史评论》2023年第3期。

国式现代化，就是当前面临的新的时代之问。

首先必须理解工业革命后的现代化概念如何形成。只有知道现代化从哪里来，才能知道往哪里去。工业革命建立的传统工业化模式，毫无疑问前所未有地推动了人类文明的进程，但是也带来了全球不可持续的危机，包括全球气候危机等。在传统工业化模式基础上建立的现代化模式，也遇到同样的危机。

从经济发展的视角看，所谓现代化的过程，就是工业化、城镇化和传统农业被工业化方式进行改造的过程。理解工业时代现代化概念，就要理解工业时代如何改变农业时代。工业时代的特点就是以物质财富的生产和消费为中心。从传统的农业时代到工业时代，就是用工业化的逻辑改造传统农业社会。不仅仅改造发展内容，而且改变发展的逻辑。

这种转变，一方面带来了人类文明前所未有的进步，另一方面也带来了前所未有的生态环境危机。目前，人类有历史上最先进的技术和最高的物质生产力，但是也面临前所未有的不可持续发展危机，包括气候变化、生物多样性丧失等。

这些变化，体现在两个主要方面。第一个是发展的内容及其背后观念的变化。在农业时代认为的美好生活，在工业时代物质主义的概念下，就不会再被认为是美好生活。这背后实际上是价值观的系统性转变。第二个是如何生产。这个变化表现在两个方面。一方面是从过去的尊重自然，转变到人类凌驾于自然之上，将大自然当作资源攫取的对象和废弃物排放的场所。另一方面是在生产组织方式上，用大规模的生产组织方式。在生产技术上，就是流水线大规模生产。从金融的组织形式来说，就是公司制、股份制的出现。

由于技术的进步和组织方式的改进，物质生产力得以大幅提升。但是，由于受生理需求的限制，人对物质的需求往往有限。这样的话，工业化大生产的市场就有限。为此，就必须通过社会心理和消费心理的重新塑造，将长期在低生产力的农业社会下形成的节俭的消费习惯重新塑造，为大规模生产开辟市场。

因此，从农业社会向工业社会转变，社会心理和消费心理的转变就成为前提。此时，就必须重构人与商品之间的关系，将过去"节俭的公民"转变成"饥渴的消费者"。因此，消费主义就成为现代化工业社会的基础。从农业时代到工业时代是一个系统性的转变，不只是一个简单的生产力的发展，而是对发展理念、价值观念、发展内容、资源概念、组织方式以及相应的体制机制、生活方式的重新塑造。由于工业社会基于大规模生产的经济逻辑不同于社会组织逻辑和生态逻辑，大规模工业化就带来很多生态环境问题和社会问题。

物质过度消费不仅带来生态环境不可持续，也并未带来幸福水平的相应提升，以至于在大部分国家，发展均不同程度地背离其根本目的。关于物质主义和幸福之间关系的大量文献，包括伊斯特林悖论显示，经济收入提高在最初会提高人们的福祉水平，但当收入提高到一定程度后，福祉就不再同步提高，甚至还出现负相关关系。这不是说经济增长不再重要，而是意味着发展的内容同人们的"美好生活"的真实需求发生了背离，发展内容需要随之转变。经济增长内容的背后是发展理念，背后更是经济运行的底层逻辑，即驱动经济增长的商业力量在起作用。

经济增长为什么往过度物质消费的方向演进？简单地说，就是资本逐利本性和传统工业化模式结合的产物。资本逐利本身并不是导致不可持续的问题所在。问题是，现有商业模式大都是在传统工业时代形成，是传统工业化模式大规模生产和消费物质商品的产物，不适应生态文明的内在要求。

（二）工业文明如何改造农业文明

工业革命后出现的传统工业化模式，深刻地改变了之前的农业社会。跳出传统工业时代的思维，我们首先需要了解什么是传统工业时代思维方式，以及其如何改变农业社会。工业革命后，生产力大幅跃升，形成了以物质财富生产和消费为中心的发展范式，世界彻底被工业化的逻辑改造。这种改造带来人类文明前所未有的进步，也带来前所未有的不可持续发展的危机。人类活动成为自然变化的主导因素，即进入所谓人类世。

从农业社会到工业社会，是发展范式的一个从0到1的系统性转变。从经济学视角看，我们可以从三个维度来看工业时代如何改变世界。

第一，发展内容。工业革命之后，发展的内容发生了变化。传统工业化模式以物质财富的生产和消费为中心，物质财富大大膨胀。

第二，生产方式。从农业时代的小农自给自足，转向以大规模生产、流水线、股份制、同质化产品、非人格化市场等为主的生产组织方式，生产力得到飞跃。非人格化市场意味着，生产者和消费者只在乎产品价格，买者和卖者互相不在乎对方是谁。

第三，价值观念。工业社会彻底重塑了传统农业社会的价值观念和社会心理，过去"节俭"的生活方式被"多多益善"的消费主义取代，消费的商品越多，就被认为福祉越高。消费主义为工业大生产开辟市场，重构了人与商品之间的关系。

价值观念转变就是关于"什么是美好生活"概念的转变。美好生活的概念发生变化后，就需要有相应的内容来满足，而不同的内容对应着不同资源，不同的资源又有着不同的物理属性，需要不同的组织方式、商业模式来运行。实现从农业社会到工业社会的转变，需要克服两个主要障碍：一是农业时代形成的勤俭消费习惯；二是对物质消费的生理限制。解决的出路，就是彻底改变人与商品的关系，将过去"节俭的人"变成"饥饿的消费动物"。比如，厂家每年更新产品款式，诱使消费者不断购买最新款的产品。

我们用一个例子，说明这种消费主义如何深刻改变产品的生产和设计。在美国加利福尼亚的一个消防站，有一个"百年灯泡"。这个灯泡已经使用115年未坏。可以在网上看到灯泡实况，视频每30秒更新一次。这个"百年灯泡"生动地显示了工业化背后的商业逻辑是如何发生改变的。过去产品的使用寿命都非常长，但是后来由于需求饱和，经济难以增长，"人为设计寿命"的做法就开始盛行。我们现在用的家具、手机、打印机等产品，大都有人为的"设计寿命"。使用一定年限就坏，必须更新以不断创造新的市场需求。当然，也并非所有产品都是如此。

接下来我们再看这种工业化逻辑如何改造传统农业。先回答一个基本问题：什么是农业？我们从两个维度来回答，即农业生产什么内容，以及农业如何生产。从生产方式来讲，过去传统农业是复合种养的生态模式，现在"现代"农业是单一种养、化学农业、工业化农业。从农业生产内容来讲，农业除了生产农产品，还可以"生产"很多文化价值、体验价值、体育价值、健康价值等。单就生产农产品而言，我们还要问它是生产什么样的农产品，是生产植物性产品，还是动物性产品，二者占比如何。但是，所谓"现代"农业大都是由传统工业化的逻辑在驱动，走向了不可持续和不健康的方向。

我们可以看看农业结构的变化。由于肉类生产更适用于工厂化生产（不受季节影响、流水线生产等），可以带来更大的利润，差不多50%以上的粮食都被用于生产肉类；全球大部分农业土地资源和水资源都直接或间接用于生产动物性产品。比如，超过70%的全球农业用地，直接（牧场、集中养殖场等）或间接（生产饲料用地等）用于肉类生产。农业生产方式方面，工业化农业和化学农业带来大量农业污染和生物多样性丧失。

这种"现代"农业结构及与之对应的所谓现代饮食模式，带来大量现代疾病（即"富贵病"），导致医疗支出大幅增加、生态环境破坏等后果。如果我们看看饮食模式和农业结构的变化，看看中国慢性疾病及医疗负担支出情况，看看生态环境破坏的变化情况，就会发现它们之间的内在关系，进而就会发现我们很多一直接受的关于发展的很多概念和理论，其实并不可靠。

印第安人"三姐妹"农业就是一个生动的例子，说明传统农业如何被现代农业改造及其后果。"三姐妹"是指玉米、豆类和瓜类三种农作物共生的组合。其中，高秆的玉米给豆类生长提供支撑，豆类通过固氮为作物提供肥料，最下边是瓜类，其阔叶会给土地保墒，其藤茎的刺可以防止小动物入侵。所以，这三种作物是生态农业的典范，具有生物多样性，产生了非常完美的共生效应。这三类作物不仅在生产上形成完美组合，不需要化肥农药、充分利用土地空间，而且提供了人体需要的营养组合，被印第安人视为其文化图腾。在所谓"现代农业"模式形成之前，中国传统农业都是建立在生态农业基础之上，类似"三姐妹"的例子不胜枚举。

然而，工业化逻辑对这种相互依存的生态农业的"现代化"改造，就是将"三姐妹"强行分离，成为单一农业、化学农业，实现工厂化生产，同时依赖大量的农药化肥、添加剂、抗生素。这个过程，反映了过去农业的"现代化"过程。20世纪50—60年代出现的农业绿色革命，大幅提高了单一作物的产量提高。但与此同时，却因为产生大量生态环境问题而不可持续。

在互联网和新的技术条件下，化学农业、工业化农业转向生态农业的道路，不仅可以做到生产力提高，还可以产生大量非农的附加值，比如，生态旅游、文化、体育、健康、体验等。

"现代"农业的不可持续根源，背后是前面讨论的传统发展方式的消费主义等问题。农业供给结构在工业时代发生的巨大变化，背后正是消费主义力量在驱动。比如，从植物性饮食转变到以动物性饮食为主的所谓"现代"饮食模式，带来了大量的健康问题。而不健康的饮食结构，又对应着农业结构问题（饮食和农业分别代表食物的需求和供给，二者相互决定），不同的农业结构问题，又对应着大量的资源环境问题。

那么，这种扭曲如何形成？要回答这个问题，我们先看什么是现代经济。以饮食为例说明现代经济增长的机制。由于人类存在生理极限，对食物的需求总有限度。但是，吃饱喝足之后，经济如何增长？消费主义的方案就是，吃饱之后，继续吃胖吃病，再减肥、治疗。整个过程都会不断产生GDP。但是，这个过程对人类福祉不仅没有好处，很多情况下还产生危害。换句话说，相当多的现代经济活动，本质上都是凯恩斯意义上的"挖沟填沟"活动。这种以GDP为导向的增长模式，就同作为发展目的的福祉相背离。

要强调的是，从农业社会到工业社会，消费心理的转变及消费主义的盛行，不是单个企业的个别行为，也不是政府或者中央计划者刻意操纵的结果，而是由传统工业化模式的底层逻辑决定

139

的一个系统性结果。对于消费者、企业和政府而言，消费、生产、增长都是多多益善。但是，如果"多多益善"是基于物质产品的大规模生产和消费，物质主义的不断扩张就必然会带来生态环境危机和福祉问题。

因此，当经济发展到一定阶段出现有效需求不足时，解决问题的方向不应是简单地刺激投资和消费这种饮鸩止渴的做法，而是应该通过供给侧结构性改革，转向绿色的供给和需求。实际上，有效需求不足总是伴随着有效供给不足。党的十九大报告指出，人民日益增长的美好生活需要，同"不平衡不充分"的发展之间存在矛盾。这个"不平衡不充分"，就可以理解为有效供给不足。

也就是说，要通过绿色转型来一方面解决有效需求不足的问题，一方面增加有效供给。比如，吃饱喝足后不是刺激大家吃更多，而是创造更多其他有益于身心健康的活动。这同样会产生经济增长，而且是更健康持续的增长。

（三）传统工业文明不可持续的根源

传统工业文明不可持续的根源，在于作为其基础的传统工业化模式。这种建立在高碳排放、高资源消耗、高环境破坏的现代化模式，可以让世界上少数人口过上丰裕的生活，但一旦扩大到全球，就会出现资源环境方面的危机，出现所谓"现代化的悖论"。有一个非常典型的测算，如果全球都像美国人那样生活，就需要5个地球才能满足资源需求。不可持续危机背后，是一套关于发展的价值观、文化、制度。工业革命后以发达国家为代表建立的传统工业化模式危机的背后，实际上是发展范式的危机，以及西方中心主义及其背后的价值观和制度的危机。

一直以来，人们对现代化的概念，都是以发达国家的标准为标准。但是，现代化有两个维度，一个是"实现什么样的现代化"，一个是"如何实现现代化"。后发国家的现代化进程，更多集中在"如何实现现代化"的问题上，对"实现什么样的现代化"问题没有过多的反思，更多的是跟着工业化国家往物质消费主义的扩张道路上走。这种现代化模式，终于导致人类现在前所未有的不可持续危机。

工业革命以后几百年，形成了一个所谓核心国家和外围国家的全球分工格局。少数发达国家的人口居于产业链的顶端，其他的所谓的外围国家则为他们提供原材料和初级产品。发达国家通过全球分工，把污染产业转移到发展中国家。由于发达国家通过这种模式率先实现现代化，反过来在此基础上又形成了所谓欧美中心主义。也即，它背后是一整套的价值观。如果一个国家要实现现代化，就需要按照欧美的工业化模式进行复制，不仅包括具体的市场机制，还包括背后的制度、文化和价值观。

但是，先不论这些制度、文化和价值观是否可以为广大发展中国家接受，即使可以通过这样的模式，让那些发展中国家实现像发达国家那样的现代化，则当越来越多的国家加入这个进程时，就必然导致全球性的资源环境危机，比如气候变化问题。地球系统对二氧化碳有一个容量限制，一旦超过这个阈值，地球系统就会发生危险的扰动，甚至发生系统性崩溃。但是，工业革命后建立的发展模式都是基于化石能源和高碳排放。发展中国家不可能再走发达国家那样的传统道路。所有国家，包括发展中国家和发达国家，都必须实现绿色低碳转型，走新的发展道路。这对所有国家来说，都是一个新生事物。中国式现代化，就是这一新生事物。

那么，能否在不深刻转变传统工业化发展模式的条件下，依靠技术进步等来解决危机？回答是否定的。技术虽然极其重要，人类却难以简单地依靠技术进步解决不可持续的危机。实际上，人类目前有前所未有的最好的技术，但是人类同时又面临有史以来最大的危机。技术是解决很多问题的前提，但是它不是一个充要条件。比如说，就环境而言，技术进步能够降低环境破坏的强度。从这个意义上来说，它能够改善环境。但是，技术出现的目的，却是获得更高的回报，因而新技术就一定要通过扩大消费、扩大生产来实现这种高回报。这时候，物质生产和消费总量的扩张，就会带来对环境的负面作用。

这个背后的机制，就是所谓的杰文森悖论。工业革命初期，当蒸汽机出现使得英国煤炭使用效率大幅提高的时候，人们普遍预测煤炭的消费量会因此而减少，但实际上恰恰相反，煤炭的消费量不仅没有减少，反而还大大提高。原因在于，煤炭使用效率的提高带来很多新的需求。杰文森悖论不只是煤炭或能源领域的孤例，实质是经济发展的普遍规律。比如，办公无纸化并没有降低对纸张的需求，反倒大大增加了对纸张的需求。同杰文森悖论相关的，还有效率的悖论、技术的悖论等。因此，要解决人类面临的不可持续危机，不能够简单地通过技术进步。

如果往前追溯，工业革命之所以发生，背后是欧洲文艺复兴、宗教改革、启蒙运动之后人类中心主义、科学主义、理性主义、物质主义等思想的兴起。这些思想促进了人的解放、科学技术的进步和生产力的飞跃，形成了高度发达的工业文明，推动了人类文明进程。但是，当发展到一定程度时，这种模式不可持续的弊端就显露无遗。解决这些弊端，无法只是在原有模式上进行修修补补，必须要有文明形态的转型，也即整个经济运行的底层逻辑和哲学基础均需要进行深刻转变。这种变化，不是一道"是否要转变"的选择题，而是一道"如何转变"的应用题。

总的来说，传统工业化模式之所以出现这些危机，乃是用"不当的方式"来实现"不当的目标"。所谓"不当的方式"主要是指人类中心主义，将人类凌驾于自然之上，将自然当作资源攫取的对象和废弃物排放的场所，而不是将人类活动作为大自然的一部分，通过尊重自然、顺应自然来造福人类。所谓"不当的目标"，就是背离发展的初心，颠倒发展的目的与手段，将物质主义和消费主义的"多多益善"当作发展的目标。这背后，又是文化和价值观念。

从可持续发展的视角看，在经济发展规模不大时，这种传统的方式和目标产生的问题倒不严重。比如说，在新兴国家崛起之前，全球只有发达国家的少数人口一直享受富裕的生活，其他国家的大部分人口都处于不发达状态。单从环境的角度来说，可能还不至于崩溃。但是，发展中国家同样有权利要过发达国家的富裕生活。当越来越多的国家加入"现代化"行列，全球经济发展总量超过一定限度的时候，这种方式和目标固有的问题就显露无遗。

因此，需要改变的是工业革命后建立的传统工业化模式，以及作为该模式基础的人类中心主义和基于物质主义的价值观，包括"美好生活"的概念。党的十九大报告就特别强调中国社会的基本矛盾，即人民群众日益增长的美好生活需要和不平衡不充分的发展之间的矛盾。这个"美好生活"，就不只是简单的市场化的物质需求，而是全方位的需求，其中包括大量非物质、非市场化的需求。

因此，我们需要对传统工业时代形成的现代化概念进行重新反思和定义，重构人与自然之间的关系。解决全球面临的不可持续危机，我们需要超越传统工业文明，进入生态文明。

二、从工业文明到生态文明

（一）生态文明新的世界观

生态文明概念的兴起始于生态环境危机，目的也是解决生态环境危机。但是，如果只是就环境论环境，就无法解决生态环境危机。因为生态环境危机的背后，是发展范式的危机，需要靠发展范式转变才能解决环境危机。早在1983年的时候，中国就将保护环境作为基本国策，但是后来，在快速的工业化过程中，环境却越来越被破坏，总体情况不断恶化。这种情况，在党的十八大以后才出现历史性、全局性和转折性变化。其原因，是转变了发展理念和发展范式。

如果生产方式和生活方式不发生转变，则环境和发展之间就是一个相互冲突的关系。此时，要想保护环境，就必须牺牲发展。但是，发展又是最优先的任务。如何既要环境保护，又要经济发展，就成为一对矛盾。解决这个矛盾，除了靠技术进步外，更重要的是转变发展范式，实现绿色发展。只有以此建立起环境和发展之间的相互促进关系，才有可能会实现保护环境的目标。

那么，如何实现环境和发展之间的相互促进关系？这就需要新的世界观和价值观。生态文明就是这样一种新的世界观和价值观，为我们提供了一个看待世界的新视角，包括如何看待人与自然的关系、关于"美好生活"的概念。这些都同工业时代工业文明具有本质区别。因此，生态文明是一个新的坐标系。反映在经济发展问题上，其关于成本、收益、效用、福祉、最优化等概念，都同工业时代具有很大区别。这就需要对作为工业时代基础的哲学和发展概念进行重新反思和转变。

在生态文明新的坐标系下，这些概念都会被重新定义。一旦被重新定义，经济主体的目标和约束条件都会发生变化，行为模式也会发生转变，经济的发展和环境之间的关系就可以协调，发展的目的和手段也可以一致，当代人和后代人的利益也会一致。人和自然的关系，其实就是环境与发展之间的关系。其中，人对应经济，自然对应环境。通俗而言，所谓生态文明，就是用新的理念来重构人与自然之间的关系。

生态文明是中国提出的概念，代表不同于工业文明的新的世界观。为什么生态文明会在中国诞生？大的背景是现在全球面临的不可持续危机，包括全球气候变化危机、生物多样性危机，资源能源危机等，出路就是从工业文明转向生态文明。生态文明在中国的提出，并不是横空出世，而是中国长期艰辛探索可持续现代化的智慧的结晶。

可以说，中国是传统工业化模式最大的受益者，没有其他国家像中国一样在过去短短的40多年取得如此巨大的成就。那么，既然中国发展如此成功，为什么不继续，而是要实现发展方式转型？简单的回答是，过去这一套模式不可持续，新的模式带来了新的更大机遇。

中国提出生态文明概念，实际上经历了一个非常曲折的过程。我们过去甚至认为社会主义不会有环境问题，那是资本主义的事情。后来我们发现社会主义有环境问题，但是还是坚信依靠社会主义的优越性，可以解决环境问题。因此，早在1983年，中国政府就把"环境保护"作为国策，可以说中国相当重视环境问题，中国采取环保行动和发达国家是同步的。

在1972年参加世界环境与发展大会，中国环境保护运动同国际上是同步的，并且中国采取的环境保护措施也非常有力。但是，后来在快速的工业化过程中，环境全面恶化。2000年中国加入世界贸易组织（WTO）以后，经济加速发展。这个时候，环境和发展的矛盾就非常突出。党的十七大提出生态文明，强调科学发展观，讲环境和发展要兼容。但是，如果不转变发展模式，环境和发展之间相互冲突的关系就难以改变。

党的十八大以后，生态文明的概念有了新的内涵，生态文明被提升到一个前所未有的高度。新发展理念强调绿色发展，绿水青山就是金山银山。环境和保护之间就会形成一种相互促进的关系。它不只是一个简单的加强环境保护的问题，也不只是所谓外部性内部化的问题。当发展理念发生转变，就会带来发展内容的转变，也即GDP的内容发生转变。若在不转变发展理念和发展方式的条件下降低污染，则结果要不就是提高成本，要不就是减少产出。只有转变发展理念，发展内容发生彻底的转变以后，才可以实现"越保护、越发展"。如果经济发展就是传统的"挖煤、开矿、砍树、办工厂"，环境保护就无法实现。但如果走新绿色发展道路，在基本物质需求满足后，依靠技术、知识、文化体育、健康、生态环境等发展新型工业和新兴服务，环境保护就可以在发展中实现。

2018年5月，党中央召开全国生态环境保护大会，正式提出习近平生态文明思想。这一思想是全党艰辛探索的结果，习近平总书记对生态环境问题的理解和认识起到了最为关键的作用。关于环境与发展关系的认识论的转变，带来了行动上的突破。中国的环境保护力度前所未有。2023年7月，党中央召开全国生态环境保护大会，习近平总书记发表重要讲话，指出中国生态环境保护出现历史性、转折性、全局性变化，实现了从重点整治到系统治理、从被动应对到主动作为、从全球环境治理参与者到引领者、从实践探索到科学理论指导的"四个重大转变"。

（二）美好生活新概念

生态文明背后是新的世界观和价值观。其中，关于美好生活的概念是重要内容。党的十九大指出，中国特色社会主义进入新时代，我国社会主要矛盾已经转化为人民日益增长的美好生活需要和不平衡不充分的发展之间的矛盾。

发展的目的是满足人们美好生活的需要。美好生活是发展经济的根本目的，GDP只是实现美好生活的手段。有什么样的美好生活概念，就有什么样的发展目标和发展内容。有什么样的发展内容，就对应什么样的资源概念。由于不同资源的物理属性和技术属性不同，就需要不同的生产组织模式和消费模式。不同的发展内容和方式，又对应着非常不同的环境和福祉后果。因此，关于什么是美好生活的问题，就是关系到绿色发展转型的根本问题。这背后，实质是价值观的问题。

绿色转型需要生产方式的转变，更为根本的是生活方式和消费模式的转变。目前全球广为追捧的"美好生活"方式，更多的是基于发达工业化国家民众的所谓"现代"生活方式和消费模式。这种"美好生活"概念建立在物质消费主义和过度消费的高碳基础之上，不仅带来了全球不可持续的环境和社会危机，而且并未带来福祉水平的同步提高。正如消费观念的转变是农业社会向工业社会转变的前提一样，从不可持续的传统工业化模式转向可持续的绿色发展，同样需要消费观念的大规模转变。

习近平总书记指出，改革开放以来，人民生活水平大幅度提高，同时奢侈浪费之风也开始起来了，特别是"土豪"式的生活方式。[①]改革开放以来，随着经济迅猛发展和全球化进程加快，中国人的生活发生了天翻地覆的变化。中国百姓的生活水平和消费方式，均逐渐与发达工业化国家趋同。信用卡借贷消费、一次性产品、快餐文化、快时尚、计划报废、塑料包装等西方消费主义的消费模式，在中国迅速蔓延。

从吃穿住行用等主要消费指标看，中国的物质生活水平大幅提高。比如，衡量居民食物消费比重的恩格尔系数，从1978年的63.9%降到2021年的29.8%。冰箱、洗衣机、空调、电视机、互联网、手机、汽车等得到普及。肉蛋奶的消费大幅增加，饮食结构由植物性饮食结构向动物性饮食结构转变。2019年中国人均生活能源消费为438千克标准煤，是2000年的3.3倍。

但是，这种生活方式也带来了严重的不可持续问题。据测算，如果地球上每个人都像美国人那样生活，则需要5个地球。更不用说，现在的全球气候变化、生态环境等危机，都根源于所谓"现代生活方式"。中国目前的生态环境问题，大都可以归因到消费方式。

与此同时，这种生活方式的福祉代价亦非常高昂。以健康为例，经过年龄标准化后可比的癌症人口发生率，美国1990年和2017年分别为4.85%和5.42%。中国则从1990年的0.6%，快速上升到2017年的1.45%，并持续快速向发达国家趋同。再如，同慢性病密切相关的成年人超重比例，中国从1975年的9.9%迅

---

① 中共中央宣传部、中华人民共和国生态环境部：《习近平生态文明思想学习纲要》，学习出版社、人民出版社2022年版，第94页。

速上升到2016年的32.3%，同期美国的比例分别为36.6%和62.5%。

但是，中国传统文化中关于美好生活的概念，并不是现在西方盛行的物质主义和消费主义。儒家讲究修齐治平、内圣外王，不是一个物质主义的概念。道家也讲清净无为、道法自然、天人合一，不会将人凌驾于自然之上。只有在工业革命后，西方国家的技术取得突破，人类能够依靠强大的技术力量在一时一地凌驾于自然之上。相反，中国由于生产技术落后，反倒没有走上西方依靠强大技术征服自然的道路，而是在五千年的文明中，一直将人放在非常谦卑的地位，去敬畏自然、顺应自然。这种做法看似不如西方依靠技术征服自然那么强大，但却是一种更高的实现"人与自然和谐共生"的大智慧。

比如，中国古代的建筑，由于当时人的力量很弱小，技术力量很弱小的时候，建筑方式就会顺应自然。反观现代建筑，更多的不是去顺应自然，而是靠技术力量去征服自然。比如，通过空调改变温度，而不是通过被动式生态建筑提供舒适的环境。因此，中国在这种长期缺乏技术条件下形成的人与自然观念，反而幸运地符合人与自然相处之道。当人类后来有了强大的技术而变得强大后，反而变得自负而迷失方向。

因此，中国传统文化中关于美好生活的观念，以及如何实现美好生活的方式，就为解决传统工业化模式带来的一些根本性问题提供了方向。二战后，大部分的国家都在追求现代化目标，学习西方发达国家的传统工业化模式。但是，为什么只有包括中国在内的少数国家能成功？很多人都在讨论各种各样的原因。一些人将成功的原因归结为学习西方的经验。这些说法有合理的成分，但是背后无形的文化因素，其实起了很关键的作用。

中国传统文化不仅同现代工业文明相容，更能为走出传统工业文明的危机提供大智慧。这其中，中国传统文化关于美好生活的态度，对于走出西方物质主义和消费主义就有很大的帮助。欧美现代化和中国式现代化的比较，需要放在一个大的历史背景下看待。工业革命200多年形成的传统工业文明创造了高度发达的物质生产力，但在更长的时间尺度上，这种看似强大的生产力却遇到了不可持续的危机。此时，中国五千年连续文明的强大力量就凸显出来。西方工业文明出现的不可持续危机，也是其"美好生活"内容和方式的危机。

因此，跳出工业革命后以西方现代化国家标准为标准的"美好生活"概念，基于中国传统文化重新定义"美好生活"，建立新的现代生活方式，就成为建设中华民族现代文明的重要内容。西方传统工业文明和中国生态文明的关系，实质是工业革命两百多年与中国五千年文化的关系。一时的强大，并不一定意味着真正的强大。

基于中华文化对"美好生活"进行重新定义，就需要走出欧美现代化的物质主义、消费主义和人类中心主义的思维。中国式现代化的美好生活概念，不只是物质消费，还包括大量非物质和非市场的内容。其中，良好的生态环境是最普惠的民生福祉。

（三）重塑人与自然关系

重塑人与自然的关系，就是要将传统工业化模式下人与自然的冲突关系转变为和谐共生的关系。一是要将过去凌驾于自然之上的人类中心主义，转变为将人类活动作为自然的一部分。这需要改变生产者和消费者的约束条件。二是改变过去基于物质主义和消费主义的发展目标，回到发展的初心即福祉。这两个重大转变，将为人类经济活动划定严格的边界。人类在此边界范围内发挥其创造性，改变发展的内容和方向，实现繁荣而可持续的发展。

绿色转型，不是一个"是否要转型"的选择题，而是一个"如何转型"的应用题。关于转型的内容，前面已有论述。正如从农业文明转变到工业文明的前提，是需要人们的价值观念和消费习惯发生深刻转变一样，从传统工业文明转到新的生态文明，也需要价值观念的系统性转变。2022年出版的《习近平生态文明思想学习纲要》，为理解人与自然关系的转变提供了一个指南。习近平生态文明思想在《习近平生态文明思想学习纲要》中归纳为"十个坚持"。其中，坚持人与自然和谐共生是最重要的坚持之一。坚持人与自然和谐共生，其实有两种不同的思路。

一是西方绿色工业文明的思路。西方也追求人与自然和谐共生的目标，但希望在不从根本上转变现有工业化模式的基础上，通过技术进步来实现人与自然的和谐共生。这种思路，仍然是建立在人类中心主义的基础之上，希望通过技术进步、依靠科学和理性来解决不可持续的问题。但是，人的有限理性不足以解决复杂而严重的系统性危机。

二是生态文明的思路。这种思路不是简单地通过技术进步来解决不可持续危机，而是重构人与自然关系，将人类活动纳入大自然的框架之中，通过尊重自然、顺应自然来为人类活动建立严格的约束条件，以此避免生态环境危机，同时获得大自然丰厚的回馈，实现人与自然的和谐共生。

坚持人与自然和谐共生，同"坚持绿水青山就是金山银山"的理念密不可分。若只是给人类活动施加严格的生态安全约束，却不改变人们的价值观的话，就很难使得发展内容转向新的方向。价值观的问题，对应的是发展的基本问题，即为什么发展和发展什么内容的问题。人与自然和谐共生的另外一个含义是同生产有关，因为"劳动是财富之父，土地是财富之母"。这里的"土地"就是指大自然。优美的生态环境（"绿水青山"）不仅可以提高产品供给能力，还可以直接为人享受，提高人的福祉，正所谓"良好生态环境是最普惠的民生福祉"。比如，在一个环境优美的地方工作和生活，就会提高生活品质和人的福祉。在一个生态环境优美的餐厅就餐，就比在一个普通的餐厅进餐得到更高的享受。

在传统工业化模式下，经济发展就是将有形的物质资源转化为金山银山，而绿色发展则不仅将有形的物质资源有限度地转化为金山银山，也将无形的生态环境等"绿色资源"转化为金山银山。这就需要不同于传统工业产品的新的商业模式。当然，绿色发展在将有形的物质资源转化为"金山银山"的过程中，不像传统工业化模式一样是建立在过度消费的基础之上，而是取之有度。传统工业化模式的经济发展，就是"挖煤、开矿、砍树、办工厂"，以物质财富的大规模生产和消费为中心，所以它投入的资源也更多的是物质资源。

党的二十大强调，要站在人与自然和谐共生的高度谋划发展。这就是要从传统工业化模式转变到绿色发展。这就要求贯彻新发展理念。关于新发展理念，可以从不同角度进行理解。从可持续发展的视角看，判断新旧发展理念其实很简单。如果认为环境和发展之间可以做到相互促进，就是新发展理念。如果认为环境与发展之间相互冲突，就是旧发展理念。从旧发展理念到新发展理念，意味着发展内容和方式、资源均会发生深刻的变化。这种转变是一个系统性的变化。

三、中国式现代化开创人类文明新形态

（一）中国式现代化的历史使命

工业革命后人类开启现代化进程，创造了高度发达的工业文明，但也带来了前所未有的全球不可持续发展危机。当传统工业文明因为不可持续而不得不转向新的生态文明时，相应的现代化概念也要进行重新定义。党的二十大确立了新时代新征程的中心任务，即以中国式现代化全面推进中华民族伟大复兴。中国式现代化打破了"现代化=西方化"的迷思，是对传统工业文明时代基于西方中心论的现代化概念的重新定义。中国式现代化诚然代表不同于西方的现代化道路，但它却不只是世界各国建立的多样化现代化道路中的一种，更是在新的文明形态下开启新的现代化范式，是人类现代化历史上的里程碑，为人类发展开辟了新的历史方向。①

目前全球面临的不可持续发展危机，本质上是工业革命后建立的欧美式现代化模式及其背后的传统工业文明的危机。由于西方发达国家率先实现了所谓现代化，目前广为流行的现代化概念，大都建立在西方中心主义的基础之上，以西方发达国家的标准为标准。对不同现代化模式的讨论，大都集中在各国如何根据自身国情走不同的现代化道路，但不同道路的终点，大都指向现有发达国家的现代化目标。

但是，目前人类面临的不可持续发展危机，很大程度上恰恰是由建立在物质主义和消费主义基础上的现代化内容导致。无

---

① 张永生：《开启人类文明新形态的现代化新范式》，《历史评论》2023年第3期。

疑，工业革命催生的以发达工业化国家为代表的现代化，推动农业文明向工业文明的历史性转变，前所未有地促进了人类文明的进步。就规模和速度而言，中国亦是这种现代化模式最大的受益者之一。但是，这种在工业文明基础上建立，并以发达国家标准为标准的现代化模式，在全球范围遇到了前所未有的困境。

一直以来为广大发展中国家追捧的以欧美发达国家为模板的"现代化"，并不是想象中的可持续、高福祉的方式，在很多方面反而是后发国家需要尽力避免的结果。但是，由于后发国家的现代化很大程度上是在学习和追赶发达国家，在发达国家出现的这些问题，在后发国家也普遍出现，最终导致了目前全球性的现代化危机。解决这些问题，仅仅思考"如何实现现代化"已远远不够，更应该对"什么是现代化"，即现代化的内涵和目标，进行深刻反思和重新定义，提出面向未来和具有全球普适性的现代化新论述。

那么，如何解决现有发展方式不可持续的问题？人们大多冀望于现有现代化范式下的新技术突破，无法真正解决技术主义带来的问题。或者，一些人冀望通过所谓"增长的极限"或"无增长的繁荣"等方式解决可持续问题。从1972年联合国首次召开全球环境与发展大会，到联合国2030可持续发展目标（SDGs），以及气候变化《巴黎协定》等，都在积极寻找对全球不可持续发展危机的解决之道。

但是，这些批判和解决危机的思路，很大程度上仍未突破传统工业文明框架的局限。现代化危机的背后，是传统工业化模式的危机，也是西方中心论及其背后的价值、文化、制度等的危机。作为工业文明基础的传统工业化模式，其哲学根基是欧洲文艺复兴、启蒙运动后兴起的人类中心主义、物质消费主义、理性主义等世界观、价值观和方法论。这些思想催生了工业革命和所谓现代经济增长，前所未有地推动了人类文明的进步。但是，物质消费主义并不能完全代表人们"美好生活"的目的，人类中心主义将人类凌驾于自然之上，以满足物质消费主义的目的。这就必然会最终带来人与自然关系的破坏，而人类的有限理性，又无法解决这些超级复杂的全球系统性危机。

因此，只有从文明转型的高度，对现代化的底层逻辑进行重构，让发展回归真正的"美好生活"目的，同时将人类当作大自然的一部分而不是凌驾于自然之上，才能从根本上解决人与自然关系的危机。这就要对为什么发展、发展什么以及如何发展等基本问题进行重新反思，深刻改变人们在工业时代形成的行为模式。中国式现代化，正是从人类文明转型的高度，重新思考和定义现代化。

（二）为现代化提供新图景

中国式现代化代表新的文明形态。中国式现代化是在新的文明形态下对现代化的重新定义。诚然，由于世界文化的多样性和国情不同，各国实现现代化方式也各不相同。但是，从历史纵向看，中国式现代化，远不只是世界众多现代化多样性中的一种，更是在传统工业文明向生态文明转型基础上建立的新的现代化概念，代表新的文明形态。因此，从文明转型的高度看，中国式现代化是世界现代化进入新历史阶段的里程碑，而不只是在同一文明形态下多样性的呈现。

就正如人类社会从传统农业文明进入工业文明，其价值观、世界观等哲学基础发生重大转变一样，从不可持续的传统工业文明转变到生态文明范式下的中国式现代化，同样需要价值观和世界观的重大转变。相应地，对为什么发展、发展什么以及如何发展等基本问题，中国式现代化也给出了不同回答。这些不同的回答，体现在中国式现代化的五大特色之中。这些特色都不可能在工业文明的现代化模式下实现，只有在新的生态文明形态中才可能实现。一旦从文明转型的高度重新理解中国式现代化的五个基本特征就会发现，这些特征都具有更新的含义，且都同欧美现代化具有本质的区别。

——"人口规模巨大的现代化"。该特征的实质，不仅意味着中国式现代化的艰巨性和复杂性，更意味着中国式现代化的全球普适性。传统的现代化模式过于依赖资源消耗和环境破坏，只能让世界上少数人口过上丰裕的物质生活。一旦这种模式扩大到广大发展中国家，这种模式的不可持续危机就会出现。中国实现现代化，其14亿人口规模将超过目前世界上所有现代化国家的11亿人口规模。显然，基于绿色发展和生态文明的中国式现代化，才有可能实现全球共享繁荣的现代化。

——"全体人民共同富裕的现代化"。欧美式现代化建立在大资本为中心的基础之上，不是将人民福祉当作发展的目的，而是将经济增长当作少数利益集团牟利的手段。其后果是，这种模式不仅无法让全球共享繁荣，即使在发达国家内部，也因为收入不平等，只能让少数人过上丰裕的生活。中国式现代化则摆脱了资本力量的控制，实现以人民为中心的发展，为共同富裕提供了制度保证。与此同时，中国式现代化也对富裕的概念进行重新定义。习近平总书记指出，共同富裕是"人民群众物质生活和精神生活都富裕"①。在新的现代化概念下，"富裕"不再只是单一GDP导向的货币化内容，也包括"美好生活"的其他非货币化

① 习近平：《扎实推动共同富裕》，《求是》2021年第20期。

内容。

——"物质文明与精神文明相协调的现代化"。传统现代化模式以物质财富的大规模生产和消费为中心，经济增长过于依赖物质主义和消费主义。这种依赖不仅导致不可持续发展危机，也不一定提高人民福祉，因为人们对"美好生活"的需求不只限于物质消费，更有大量非物质和非市场化消费需求。中国式现代化强调满足人民不断增长的"美好生活"需求，实现平衡、充分的发展。这其中，非物质需求也是发展的重要内容。这些精神需求的满足，同样可以成为经济增长的重要来源，或直接提高人民福祉水平。

——"人与自然和谐共生的现代化"。这一特征在中国式现代化中具有基础性地位，是其他四个基本特征的基础和重要保证。没有人与自然和谐共生，现代化也就失去了存在的自然基础。但是，由于传统现代化模式建立在人类中心主义和物质主义基础之上，不可避免地会突破人与自然关系的边界。只有在生态文明下，发展回归"美好生活"的目的，人类经济活动限制在大自然的边界之内，才可能转变发展的内容和方向，实现人与自然和谐共生。

——"走和平发展道路的现代化"。目前在讨论中国式现代化的和平发展特征时，人们更多地聚焦于中国走和平发展的主观意愿。实际上，除了主观意愿之外，中国式现代化还为和平发展提供了客观条件。由于中国式现代化基于绿色发展，最大限度地同高物质资源消耗和生态环境破坏脱钩，各国合作共赢就可以替代零和博弈，国与国之间为争夺有形资源而发生冲突的可能性就大幅降低。这就为和平发展奠定了坚实的经济基础。同时，生态环境是各国共同关心的问题，生态文明也是中西方交流合作的纽带，对西方文明具有包容性。

（三）生态文明对传统工业文明的扬弃

生态文明将人类活动作为自然的一部分，而传统工业文明则是在狭隘的经济视野下，将人类凌驾于自然之上，将自然当作经济的一部分。生态文明的实质，是给工业文明下的经济行为施加一个活动边界，以在生态环境安全的边界范围实现可持续繁荣。因此，生态文明比工业文明具有更大的视野和框架，是对工业文明的扬弃。

与此同时，生态文明是建立在中国文化基础上的概念，而中国文化对源自西方的工业文明又具有强大的包容性。因此，生态文明是一种可以为中西文化兼蓄并容的人类文明新形态。2023年6月2日，习近平总书记视察中国历史研究院，并在文化传承发展座谈会上发表重要讲话，提出"在新的起点上继续推动文化繁荣、建设文化强国、建设中华民族现代文明，是我们在新时代新的文化使命"。他在讲话中指出，"中华文明的包容性，从根本上决定了中华民族交往交流交融的历史取向，决定了中国各宗教信仰多元并存的和谐格局，决定了中华文化对世界文明兼收并蓄的开放胸怀"①。

习近平总书记关于中国文化传承的论述，为理解生态文明与传统工业文明的扬弃关系提供了基本方法。文化是一种信仰、价值体系，决定着人们的思维方式、行为模式及其后果。各国的现代化归根结底都必须建立在其文化基础之上。实际上，在洋务运动中国开启工业化进程时，争论的核心就是关于中国传统文化是否同工业化相适应。新中国成立70多年，中国工业化的巨大成

---

① 习近平：《在文化传承发展座谈会上的讲话》，《求是》2023年第17期。

就及其绿色转型证明，中国文化不仅适应传统工业化，更能为解决其危机提供出路。工业革命后以发达国家为代表建立的传统工业化模式，创造了高度发达的物质生产力，但是也带来了不可持续的生态环境危机，必须转向新型工业化。这种转型必须回答工业化的基本问题，即为什么实现工业化、实现什么样的工业化，以及如何实现工业化。①这背后是文化或价值观念的问题。中华民族的复兴，必然是中华文化的复兴，并为全球带来繁荣与机遇。②

　　传统工业化模式兴起及其不可持续，均有其文化根源。西方工业文明建立在欧洲文艺复兴、宗教改革、启蒙运动、工业革命后形成的人类中心主义、理性主义、科学主义和物质主义基础之上，同之前农业时代的文明具有本质区别。工业革命后生产力大幅提高，就必须为大规模生产开辟市场，而农业时代形成的节俭消费心理和消费模式，就成为大工业生产方式最大的阻碍之一。为此，工业化的前提就是文化和社会心理的系统性转变。其结果，就是物质主义和消费主义的兴起，财富成为事业成功和社会地位的标志。宏观上以刺激有效需求、宽松货币政策为代表；生产上以计划淘汰、快时尚、一次性用品为代表；微观上以广告营销为主；金融上则以消费信贷、信用卡等为代表。消费主义成为现代经济运行的基石和工业社会的标志。

　　毫无疑问，工业化对推动人类文明进步起到了巨大作用。但由于工业化建立在物质主义和消费主义的基础上，这种缺乏制衡机制的工业化无限扩展，就不可避免地突破人与自然的边界，带

---

① 朱民、斯特恩（Nicholas Stern）、斯蒂格利茨（Joseph E. Stiglitz）、刘世锦、张永生、李俊峰、赫本（Cameron Hepburn）：《拥抱绿色发展新范式：中国碳中和政策框架研究》，《世界经济》2023年第3期。

② 张永生：《中国文化引领工业绿色转型》，《中国工业经济》2023年第7期。

来不可持续发展的危机。如果将工业化的理论黑箱打开，我们就可以揭示其生态环境后果。[①]工业化过程就是工业部门产出比重不断上升的过程，农业劳动力源源不断地转移到高生产力的工业部门。在微观机制上，工业化就是工业消费品种类数（横向）和迂回生产链条（纵向）不断增加或加长的过程。

经济学中模拟传统工业化模式的理论模型，一旦引入生态环境限制条件，其中隐含着的环境不可持续的后果就会显现出来。其根本原因，都可以归结到背后隐含的价值观或文化。由于物质主义不能完全代表人类的美好生活目标，人类中心主义将人凌驾于自然之上，最终不可避免地会带来前所未有的全球环境危机。这种复杂的系统性危机，无法依靠人的有限理性来解决。

文化是如何解决传统工业化模式危机的答案。一方面，传统工业化模式危机有其文化根源，解决危机也应从文化中寻找答案。但是，在传统工业化模式下，文化的作用不仅被忽略，而且传统文化还受到"现代化"冲击。一方面，文化作为偏好和制度条件隐含在工业化生产方式以及经济学分析框架中，其实质作用因为"用之不觉"而不为人知。因此，各国工业化及其全球化的过程，很大程度上也是当地文化经受西方文化冲击的过程。那些缺乏包容性或弱小民族的文化，在西方工业文化的冲击下往往被同化而丧失主体性。而中国五千年悠久历史的文化，对外来文化具有强大的包容性和改造能力。

另一方面，文化作为一种无形资源难以被市场化，且其作用在经济学中难以分析。由于无形的文化不同于物质商品，虽然其对人民福祉有重要作用，但因为无形而可交易性差，也就难以在

---

① 张永生：《重构环境与发展关系：生态文明范式下的理论框架及其政策含义》，《中国社会科学（英文版）》2023年第1期。

经济学模型中处理。相反，物质商品则由于可交易性强而适于市场化，所谓现代经济就朝着越来越物质化的方向演进。此外，标准新古典经济学是在偏好外生给定、代表性消费者和生产者、模型对称性等假定下分析，难以处理多样性文化带来的个体异质性。文化的非竞争性带来的递增报酬特性，在标准的经济学模型中也不似物质要素那样容易处理。

中国文化可以为走出传统工业化危机提供出路。中国文化不仅同西方工业文明相容，而且能为传统工业化模式危机提供解决出路。对于为什么发展、发展什么内容以及如何发展，中国文化有着不同的答案。中国从积贫积弱起步，其工业化经历了从学习西方到反省其弊端，进而树立文化自信和历史自信的历程。

在后发国家实现工业化的过程中，为什么只有像中国这样的少数国家能够成功？其背后一定有不为人熟知的无形文化在起作用。中国五千年的文化传统中，既有同工业文明高度兼容的一面，又与西方工业文明的价值观有本质区别。在"用"的层面，中国传统文化同西方工业文明高度兼容，可以吸收其优秀文化成果。但与此同时，中国文化的宇宙观和人生观，与西方工业文明又有实质区别，从而决定其可以为解决传统工业化危机提供大智慧。

其一，在人与自然关系上，西方文化强调人类中心主义，强调通过技术征服自然、改造自然，而中国的传统文化则强调天人合一、与天地合其德。"天地与我并生，而万物与我为一。"这意味着，中国文化是通过尊重、敬畏自然来避免危机，以实现人与自然和谐共生，而不是凌驾于自然之上导致生态环境危机，事后用所谓科学和理性解决危机。这种在大自然面前谦卑的中国文化，看似不如人类征服自然的西方文化那般强大，但却是实现人与自然和谐共生的更高智慧和更强大力量。

其二，关于发展目的或美好生活的概念。同西方强调物质主义和消费主义不同，中国传统文化并不将物质财富作为美好生活的主要追求目标，而更多的是追求修身养性、"成人达己，成己为人"。在物质上，强调物质适度丰裕的小康概念，反对浪费与挥霍。

这两个本质区别意味着，对为什么发展、发展什么以及如何发展等基本问题，中国文化有着不同于西方文化的回答。当面对工业化危机寻求解答时，中国的文化基因其实就蕴藏着解决危机的大智慧。当传统工业化在"用"的层面突破人与自然的边界引发生态环境危机时，中国传统文化价值"体"的作用就被唤醒。这也是为什么中国作为传统工业化模式最大的受益者之一，却率先提出绿色发展和新发展理念的原因。

因此，在解决传统工业化模式危机中，中国文化就能凸显其价值。一项关于人们观念和行为模式的大规模网络调查显示，中国文化关于经济学基本问题的回答，与标准新古典经济学的假定并不一致。[1]比如，关于美好生活的定义，虽然收入非常重要，但在调查中，"收入越高越好"在"什么是美好生活"的选项中只排名第八。与此同时，人们的消费行为、就业观念，也同新古典假定不一致。这些发现，反映的是中国文化基因及其行为模式。

无独有偶，中国文化的这些特征，同西方文化中一些被主流忽略的深刻思想却内在一致。它们又都同标准新古典经济学分析框架中隐含的西方主流文化有很大区别。这些被西方主流忽略的

---

[1] 张永生：《引领永续繁荣的人类文明新形态：党的十八大以来中国生态文明建设的伟大成就及其世界性意义》，《国外社会科学》2022年第12期。

思想中，甚至包括被誉为现代经济学之父的亚当·斯密和宏观经济学之父的凯恩斯等人未被熟知的深刻思想。亚当·斯密在《道德情操论》中指出，市场经济的高生产力，乃是由一个幻觉所驱动，即以为物质财富带来幸福。凯恩斯在《我们子孙后代的经济前景》中，则更看重"生活的真正价值"，并指出"我们不应高估经济问题的重要性，或者过于偏重对经济问题想象出来的重要性，而牺牲掉那些在意义上更加重大、在性质上更加持久的问题"。

上述思想意味着，传统工业化模式发展到一定程度后，就必须转变到新型工业化。但是，作为工业文明基础的西方主流文化，似乎无法从根本上为这种深刻转型提供支持，只能在惯性作用下进一步走向不可持续危机。此时，中国文化对解决全球生态环境危机的价值就突显出来。生态文明和中国式现代化的提出，代表中国在解决全球可持续危机上的努力，其实质是对工业革命后建立的这种不可持续的传统发展范式和现代化模式的重新定义。

以中华优秀文化引领中国工业转型，是对工业化的基本问题的不同回答，包括为什么工业化、工业化的内容，以及如何实现工业化。对这些基本问题的不同回答，与那些被西方主流工业文化忽略或排斥的西方深刻思想可以兼蓄并容，共同决定着人与自然和谐共生现代化的新型工业化模式。

一是企业创造价值的方向发生改变。传统工业时代的发展模式是以物质产品的生产和消费为中心，更多的是满足人们的物质需求。这种方向依赖大量的物质资源投入，不可避免地带来生态环境资源等危机。绿色发展则意味着工业产品不限于满足人们的物质需求，还可以内蕴大量的非物质内容。这样，企业创造的价值就不再过于依靠物质资源高投入，更多的是转向依赖技术、知识、体验、个性、文化、环境等无形投入，以最大限度地同物质资源的消耗脱钩。

二是企业组织模式的转变。当企业创造的价值内容或产品发生上述改变时，对应的资源概念就更多地依赖无形的技术、知识、文化、生态环境等具有非竞争性特质的无形资源。这意味着，企业报酬递增的来源不一定非依赖规模扩张。而且这种资源具有不同的物理属性，需要用新的组织形式去实现其价值。由于企业将何种要素纳入企业的组织边界之内取决于何种组织方式的效率最优，这些变化对最优企业组织模式就有了新的含义。传统的大规模、集中式、同质化企业组织方式，就更多地被平台化、分布式、跨界式等组织方式替代。

三是商业模式的转变。随着工业4.0到来，以及创造价值的方向转向大量依赖无形的非物质资源要素，商业模式就会不同于过去单纯满足物理功用的模式。在传统工业化模式下，售出产品意味着产品价值创造过程的终结，但在绿色工业化模式下，售出产品可能只是盈利的开始。比如，在软件定义汽车时代，大量利润可能来自售后的增值服务和软件更新。这可能深刻改变依赖物质商品数量扩张盈利的传统商业模式，从"薄利多销"转向"卖得少、赚得多"。

四是市场结构的转变。传统工业化模式主要以流水线方式大规模生产同质化产品，在非人格化市场中售卖。也就是说，市场只关心产品的物理品质和价格，买者和卖者的特质在市场中不被关注。这种流水线加上非人格的市场结构，大大促进了工业化进程，但使得产品本来可以内蕴的大量无形价值被过滤掉。在绿色发展模式下，企业可能会在一个更加人格化的市场中创造和实现无形价值。目前广泛兴起的个性化生产、个性化订制、体验式服务，就是人格化市场回归的表现。

五是企业治理结构的转变。在传统工业化模式下，企业更多地在乎股东利益最大化，不太考虑企业活动对社会和环境的外部影响。在绿色发展条件下，企业需要在考虑包括环境在内的其他利益相关者利益的前提下，实现股东利益最大化。这样，企业行为模式及其社会环境后果，就会发生深刻转变。

总之，中国式现代化是在应对全球不可持续危机中产生的，同工业革命后建立的欧美现代化具有不同的文化基础和发展范式。以中国文化引领中国新型工业化转型，是建设中华民族现代文明的重要内容。相应地，传统工业时代建立的研究范式和知识体系也要进行转变。中国经济学自主知识体系的构建，不只是在标准新古典经济学上添加"中国特色"，而应从根本上反思经济学背后的文化价值和哲学基础，以建立符合严格学术规范且具有普适性的理论体系。

后　记

党的二十大确立了党在新时代新征程的中心任务，强调"以中国式现代化全面推进中华民族伟大复兴"。2023年2月7日，习近平总书记在学习贯彻党的二十大精神研讨班开班式上的重要讲话中，提出中国式现代化蕴含独特的世界观、价值观、历史观、文明观、民主观、生态观等"六观"。这为我们理解中国式现代化提供了一个独特视角。

习近平生态文明思想，为理解中国式现代化的生态观提供了科学指南。人与自然和谐共生，是中国式现代化的五大特征之一。2023年7月17日在全国生态环境保护大会上，习近平总书记强调"加快推进人与自然和谐共生的现代化"。中国式现代化，不是简单地重复发达国家的现代化模式，而是对工业革命后建立的不可持续的现代化概念的重新定义，开辟了人类文明的新形态。

如何深入学习阐释中国式现代化蕴含的"六观"，就是一件十分有意义的工作。重庆市委宣传部和重庆出版集团发起组织了这套丛书，组织全国的专家进行撰稿。我很高兴被邀请撰写这本"生态观"，但也深感写作任务要求高、时间紧、任务重，完成撰写面临诸多挑战。这本书是理论读物，但既不能写成仅仅表达个人学术观点的学术专著，又不能写成人云亦云的文章。那么，用通俗的语言，从学理上"完整准确全面"地揭示中国式现代化蕴含的独特生态观，就成为这本书写作的基本遵循。

生态文明在中国已有丰富的实践，生态文明思想是习近平新时代中国特色社会主义思想的重要内容，已经形成了完整的思想体系和论述体系。这本书的写作提纲和体例是按照丛书统一的要求专门拟定，但其中的议题大都有研究基础。这其中，有些议题我已有较深入的前期研究成果，只是需要在新的提纲下进行整合、修改与完善；有些内容则需要新撰写。

本书部分内容是在我相关前期研究基础上进一步发展形成。这些成果包括在《人民日报》《经济日报》《中国社会科学（英文版）》《世界经济》《中国工业经济》《国外社会科学》《城市与环境研究》以及《习近平生态文明思想与实践研究》等书籍、报纸、学术刊物中的相关文章、研讨会发言。因为此书为通俗理论读物，根据出版社统一体例要求，无法对文献做更加全面而详细的学术化标注。

我要感谢丛书主编姜辉同志的邀请和对写作的指导，感谢中共重庆市委宣传部、重庆出版集团给予的大力支持，感谢审读专家的建设性意见。由于工作繁忙，我约定的交稿日期几次延后，给出版社的工作带来了不便，在此表示歉意和谢意。书中可能存在的错误，完全由作者承担。

张永生

2023 年 8 月 12 日于北京